内蒙古财经大学统计与数学学院学术丛书

自共轭性与耗散性及其谱分析

几类内部具有
不连续性的
高阶微分算子

THE SELF-ADJOINTNESS, DISSIPATION AND
SPECTRUM ANALYSIS
—Some Classes High Order Differential
Operators With Discontinuity

张新艳◎著

本书的出版得到内蒙古财经大学的支持与资助

经济管理出版社
ECONOMY & MANAGEMENT PUBLISHING HOUSE

图书在版编目（CIP）数据

自共轭性与耗散性及其谱分析——几类内部具有不连续性的高阶微分算子／张新
艳著 . —北京：经济管理出版社，2021.1

ISBN 978-7-5096-7691-2

Ⅰ . ①自… Ⅱ . ①张… Ⅲ . ①微分算子—研究 Ⅳ . ①0175.3

中国版本图书馆 CIP 数据核字（2021）第 020530 号

组稿编辑：王光艳
责任编辑：魏晨红
责任印制：黄章平
责任校对：王淑卿

出版发行：经济管理出版社
　　　　　（北京市海淀区北蜂窝 8 号中雅大厦 A 座 11 层　　100038）

网　　址：www. E-mp. com. cn
电　　话：（010）51915602
印　　刷：北京晨旭印刷厂
经　　销：新华书店
开　　本：720mm×1000mm /16
印　　张：8.5
字　　数：138 千字
版　　次：2021 年 1 月第 1 版　　2021 年 1 月第 1 次印刷
书　　号：ISBN 978-7-5096-7691-2
定　　价：68.00 元

前　言

　　微分算子是一类无界线性算子，在数学、物理、工程技术学科以及金融学、医学等方面都有极为广泛的应用，其研究领域包括微分算子的亏指数理论、自共轭扩张、谱的定性定量分析、数值方法、特征函数的完备性、特征值的渐近估计、连续谱的有限特征逼近以及反谱问题等许多重要分支。耗散算子是算子理论中非常重要的一类非自共轭算子，有着深远的现实背景，其研究内容包括问题对谱参数的非线性依赖，非对称微分表达式生成算子在谱理论问题上的应用，非自共轭边界条件对谱的影响。

　　近些年来，内部具有不连续性的微分算子问题，微分方程与边界条件中带特征参数的微分算子引起了越来越多的数学、物理工作者的关注。许多实际的物理问题都可以转化为内部具有不连续性的微分算子问题，在工程技术领域中，一些偏微分方程经过分离变量法可以转化为边界条件中带特征参数的微分算子问题，且有些问题需要转换为高阶的来进行处理，因此对具有转移条件及边界条件带特征参数的高阶微分算子的自共轭性、耗散性及其谱的研究是非常重要的，且其发展也必将更加繁盛。

　　本书主要对内部具有不连续性的自共轭微分算子与耗散微分算子进行了研究。研究内容如下：研究了内部具有不连续性的高阶微分算子，包括具有转移条件 $2n$ 阶微分算子的自共轭性及具有转移条件的 $2n$ 阶微分算子自共轭的充要条件；研究了一类在工程技术领域中有着广泛应用的边界条件带特征参数且内部具有不连续性的四阶微分算子问题；研究了一类 $2n$ 阶微分算子，具有转移条件、n 个一般边界条件及其 n 个带特征参数的边界条件；研究了一类不连续的四阶耗散算子 A，给定边界条件与转移条件，并得到特征函数与相伴函数的完备性。

本书的出版得到了内蒙古财经大学统计与数学学院学科建设经费的资助与支持，在此表示衷心的感谢！另外，感谢内蒙古财经大学统计与数学学院领导和同事对我的关心、支持与帮助！

由于作者水平有限，虽已尽心完善，但仍存在不足，恳请广大读者批评指正，不吝赐教！

张新艳

2020 年 12 月

目　录

第❶章
研究背景与主要结果

微分算子是一类无界线性算子，在数学、物理、工程技术学科以及金融学、医学等方面都有极为广泛的应用，如工程结构中的梁振动问题，流体动力学和磁流体力学的稳定性理论，以及扩散方程在医学中的应用等都可归结为此类确定的微分方程问题。微分算子的研究领域十分广泛，包括微分算子的亏指数理论、自共轭扩张、谱的定性定量分析、数值方法、特征函数的完备性、特征值的渐近估计、连续谱的有限特征逼近以及反谱问题等许多重要分支。耗散算子也是算子理论中一类十分重要的算子，其研究内容包括问题对谱参数的非线性依赖，非对称微分表达式生成算子在谱理论问题上的应用，非自共轭边界条件对谱的影响。

本书将对两类主要的高阶微分算子：内部具有不连续性的自共轭微分算子与耗散微分算子展开研究。给定微分表达式，通过对定义域的不同限制，可以生成对称的、自共轭的、耗散的微分算子，其谱的分布各有不同的特征。首先针对具有转移条件及边界条件带特征参数的四阶与高阶微分算子的自共轭性及其谱分析展开研究，其次研究一类内部具有不连续性的四阶耗散算子特征函数与相伴函数（associated function）的完备性问题。

1.1 微分算子的自共轭性和谱分析

为了研究自共轭微分算子，不得不提的是自共轭微分算子的起源及其发展。自共轭微分算子的研究起源于 19 世纪初人们为了求解各类经典的数学物理方程定解而产生的 Sturm-Liouville（S-L）问题，即定义在有限闭区间 $[a, b]$ 上的二阶微分算子问题。国内外众多学者对此问题进行了长期、大量的研究，得到了许多非常有价值的结果。对微分算子自共轭域的研究大致经历了如下的过程：从正则到奇异，从二阶到高阶，从对单个算子的研究到积算子或幂算子的研究等，从不同角度，多种方法相结合开展研究工作。具体的可以这样说，从二阶 Sturm-Liouville 问题的研究到 Coddington E. A.（1955）对有限闭区间上的高阶对称微分算子自共轭域的完全解析描述，以及 Naimark M. A.（1968）对高阶微分算子及其由拟导数定义的对称微分算子自共轭域的描述；从对正则 Sturm-Liouville 问题的研究到一端奇异微分算子的研究，其中 Weyl H.（1910）、Titchmarsh E. C.（1962）、Everitt W. N.（1976，1986）、曹之江等（1987）做了大量的工作，解决了任意高阶极限点型、极限圆型微分算式自共轭域的完全描述。对于具有中间亏指数的高阶奇异微分算子，孙炯（1986）利用微分方程的复参数解给出了自共轭域的完全刻画。同一时期，Evans W. D.（1990）进一步将此方法推广到更为一般的微分算式，给出了由此微分算式生成的所有正则可解微分算子自共轭域的描述。

对于微分算子乘积或幂的自共轭性的研究经历了如下的一段历程：20世纪末期，曹之江、孙炯、Edmunds D. E.（1999）通过直接计算的方法讨论了由正则和奇异的二阶对称微分算式生成微分算子的积算子的自共轭性，安建业、孙炯（2004）利用自共轭算子构造的一般原理，通过矩阵分析的方法，给出了有限闭区间及一端奇异情形下两个高阶微分算子的积为自共轭算子的充分必要条件。近年来，杨传富、黄振友、杨孝平（2006）也在这方面做了大量工作，得到有限多个高阶微分算子乘积自共轭的充分必要条件。

对微分算子自共轭域的研究还可以从几何的角度进行考虑。Everitt W. N.、Markus L.（1999）用辛几何的方法，研究了对称微分算子自共轭扩张的完全描述，发现了对称微分算子的自共轭扩张域与由算子定义域构造的辛空间中完全 Lagrangian 子空间是一一对应的。王万义（2002）在其博士学位论文中从辛几何的角度研究了微分算子所产生的代数结构，具体的给出了正则的、奇异的以及具有中间亏指数的微分算子自共轭边界条件的类

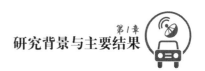

型，提出边界条件耦合级别这一概念，并给出不同耦合级别自共轭域的完全描述。然后又给出高阶常型微分算子自共轭域的辛几何刻画。王万义、孙炯（2003）将此方法进一步推广，给出 J-对称微分算子自共轭域的J-辛几何刻画。杨传富、黄振友、杨孝平（2006）利用辛几何的方法，刻画了 n 阶对称微分算式生成最小算子的对称扩张（包括自共轭扩张）及 Friedrichs 扩张，分别获得了其扩张为对称扩张、Friedrichs 扩张的充分必要条件。王志敬、宋岱才（2008）将辛几何的方法用到了直和空间上，讨论了直和空间上对称微分算子的自共轭扩张问题（曹之江，1987；曹之江、孙炯，1992；孙炯、王忠，2005；孙炯、王万义，2009）。

众所周知，自共轭微分算子的谱是实的，与微分方程的复参数解比较，实参数解的性质与谱的分布性质更加贴近。王爱平、孙炯、Zettl A.（2009）应用微分方程的实参数平方可积解给出了一端奇异、另一端正则的实系数对称微分算子自共轭域的完全刻画。随后，王爱平、孙炯、Zettl A.（2008，2011）又相继给出一端正则、另一端奇异以及两端奇异的实系数对称微分算子自共轭域的分类。郝晓玲（2010）在其博士学位论文中利用实参数平方可积解给出一端正则微分算子自共轭域一个新的描述，并且给出两端奇异对称微分算子自共轭域的完全刻画。索建青（2012）在其博士学位论文中，利用微分方程的实参数解讨论了一端正则、另一端奇异的两区间上最小算子的所有自共轭扩张的描述，同时给出了两端奇异的两区间上偶数阶实系数微分算子的所有自共轭实现的完全描述。

这些年，众多数学工作者对内部具有不连续性的 Sturm-Liouville 问题的研究兴趣也非常浓厚，得到了一些可观的成果。具有内部不连续性的 Sturm-Liouville 问题有着重要的应用前景，许多实际应用的物理问题，例如热传导和质量转移问题，以及各种各样的物理量的转移问题、衍射问题、中间有结点的弦振动问题等，都可以转化为内部具有不连续性的微分算子问题。对于具有转移条件的二阶微分算子的自共轭性及谱分析的研究已得到了一些结果，但是，对于具有转移条件的高阶微分算子的相关结论尚不多见。由于许多实际问题往往需要转化为具有转移条件的高阶微分算子的问题，因此对具有转移条件高阶微分算子的自共轭性及其谱的研究也非常有必要。下面给出一个可转化为具有转移条件的微分算子问题用于现

自共轭性与耗散性及其谱分析
——几类内部具有不连续性的高阶微分算子

代医学中的例子。

例 1.1 近些年来，在治疗冠心病等一些心脏类疾病时，人们提出了一种新的疗法，即药物洗提支架技术（DES）（简称为心脏支架技术）。这种技术实际上是一个质量扩散问题，可由扩散方程来控制。Pontrelli G.，Monte D. F.（2007）对于这样一种双层介质结构建立了扩散方程的边值问题，陈金设（2009）在其博士学位论文中又将此问题转化为具有转移条件的 Sturm-Liouville 问题，即将一个在区间 $[-L_1, L_2]$ 上定义的偏微分方程初值问题，最终转化为如下问题：

$$\begin{cases} \tau X = -(p(x)X'(x))' = \lambda X(x), \ x \in [-L, 0) \cup (0, 1]; \\ X'(-L) = 0; \\ X(1) = 0; \\ \gamma X'(0-) = X'(0+); \\ -X'(0+) = \phi\left(\dfrac{X(0-)}{\sigma} - X(0+)\right)_{\circ} \end{cases} \quad (1-1)$$

其中，

$$p(x) = \begin{cases} \gamma, \ x \in [-L, 0); \\ 1, \ x \in (0, 1]_{\circ} \end{cases}$$

这显然是一个不连续的 Sturm-Liouville 问题。在 Hilbert 空间 $H = L^2([-L, 0) \cup (0, 1], \mathbb{C})$ 中定义具体的内积，可以证明问题（1-1）在 Hilbert 空间 H 的意义下是自共轭的，且最终可得到整个扩散问题的解，及相应的药物浓度分布图。

下面，给出一个具有"点质量"的弦振动的例子来说明不连续边值问题在物理学方面的应用背景。

例 1.2 考虑固定在区间 $(0, l)$ 两端上的弦振动问题，

$$\rho \frac{\partial^2 u}{\partial t^2} = \frac{\partial}{\partial x}\left(k \frac{\partial u}{\partial x}\right), \ 0 < x < l, \ t > 0, \quad (1-2)$$

满足边界条件

· 4 ·

$$u(0, t) = 0, \ u(l, t) = 0, \tag{1-3}$$

及初始条件

$$u(x, 0) = \varphi(x), \ u_t(x, 0) = \psi(x), \tag{1-4}$$

其中，$\varphi(x)$ 与 $\psi(x)$ 是给定的函数。

与一般弦振动问题不同的是，弦在 $x = x_i \in (0, l)(i = 1, 2, \cdots, n)$ 具有"点质量"，如何来描述在 $x_i(i = 1, 2, \cdots, n)$ 点的运动和在这些点满足的条件，可以设在 x_i 点受到的力是 $F_i(t)$，有

$$u(x_i - 0, t) = u(x_i + 0, t),$$

$$ku_x \big|_{x_i-0}^{x_i+0} = -F_i, \ i = 1, 2, \cdots, n,$$

其中，F_i 是惯性力。注意到

$$F_i = -M_i u_{tt}(x_i, t), \ i = 1, 2, \cdots, n, \tag{1-5}$$

将之代入上式得到，

$$u(x_i - 0, t) = u(x_i + 0, t),$$

$$M_i u_{tt}(x_i, t) = ku_x \big|_{x_i-0}^{x_i+0}, \ i = 1, 2, \cdots, n, \tag{1-6}$$

即为 x_i 点所满足的转移条件。另外，也可对方程（1-2）在区间 $(x_i-\epsilon, x_i+\epsilon)$ 上积分，让 $\epsilon \to 0$，得到转移条件（1-5）与（1-6）。

于是带有"点质量"的弦振动问题转化为了具有转移条件（或不连续）的边值问题。

正如大家所知道的，微分方程中可以带特征参数，边界条件里也可以带特征参数，许多工程技术领域中的一些偏微分方程，如热传导方程或波动方程经过分离变量法可以得到边界条件中带特征参数的微分算子问题，再如滑竿上的弦振动问题等。微分方程及边界条件中带特征参数的微分算子问题在算子谱理论中占据着重要地位，也是近年来数学物理及科技工作者们研究的热点，国内外众多学者从不同角度对此问题进行了大量研究。下面给出一个利用边界条件带特征参数的微分方程解决实际问题的例子。

例 1.3 广义雷吉问题（Regge Problem）是通过二次依赖于特征参数及其边界条件具有特征参数的二阶微分算子实现的。此方法也可以推广到四阶微分方程，通过力 g 来描述小横压缩或拉伸的均匀光束的振动。利用

分离变量的方法可以引出一个边界条件依赖于特征参数的四阶常微分方程，其中微分方程二次依赖于特征参数。在一个适当选择的希尔伯特空间中，这个问题可以表示为一个二次算子束问题，且是自共轭的。此类问题可以被描述成区间 $[0, a]$ 上的微分方程边值问题，即

$$y^{(4)} - (gy')' = \lambda^2 y,$$

$$B_j(\lambda)y = 0, \ j = 1, 2, 3, 4, \tag{1-7}$$

其中, $a > 0$, $g \in C^1[0, a]$ 是实值函数，式 (1-7) 是分离型的边界条件, $B_j(\lambda)$ 是常数或线性依赖于 λ。当 $j = 1, 2$ 时，将端点 0 代入边界条件 (1-7)，当 $j = 3, 4$ 时，将端点 a 代入边界条件 (1-7)。当给定具体的边界条件时，可以得到由此确定的算子为自共轭算子时的充分必要条件，及其特征值的渐进估计等一系列问题。

从以上的分析可知，微分算子自共轭理论的发展离不开实际的物理背景，且关于微分算子自共轭性的讨论已有许多重要的研究成果。对于经典的 Sturm-Liouville 问题，当赋予端点分离型的边界条件时，就确定了一个自共轭算子。而在实际中，有些问题往往需要转换为高阶的微分算子问题，如梁振动问题、流体稳定性问题当中的基本方程 Orr-Somerfeld 方程所构造的微分算子，还有流体动力学和磁流体力学的稳定性理论等往往都是高阶的。因此，除了对具有转移条件及边界条件带特征参数的二阶 Sturm-Liouville 问题的研究之外，对此类高阶微分算子的研究也非常有必要。尤其是四阶微分算子的问题，作为偶数阶高阶问题的一个典型形式，一些相关研究结论为进一步研究高阶偶数阶的问题提供了研究思路，因此具有特殊的重要意义。

本书针对具有转移条件及边界条件带特征参数的四阶及高阶微分算子开展工作。首先，讨论了只具有转移条件 $2n$ 阶微分算子的自共轭性问题，当边界条件与转移条件的系数矩阵满足一定条件的情形下，利用矩阵表示的方法，将复杂的问题简化，证明具有转移条件 $C_y(0+) = C \cdot C_y(0-)$ 的高阶微分算子是自共轭的，且全部特征值都是实的，对应于不同特征值的特征向量是正交的；其次，对具有转移条件 $CY(c-) + DY(c+) = 0$ 的高阶微分算子，当系数矩阵满足条件 $\det C = \det D \neq 0$ 时，将此问题放在一个与

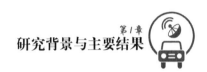

转移条件相关的 Hilbert 空间 H 中进行研究，分别定义与转移条件相关的最大、最小算子。通过这种最大、最小算子的构造，得到具有这样边界条件和在内部点处具有转移条件的正则高阶微分算子自共轭的充分必要条件，并且这一自共轭的充分必要条件是由确定边界条件和转移条件的系数矩阵所描述的。值得注意的是，这里给出的转移条件与边界条件的系数矩阵都是复矩阵，不同于王爱平（2006）的研究，要求转移条件的系数矩阵是实矩阵。最后，研究了边界条件带特征参数及其具有转移条件的四阶微分算子问题，这类问题的研究，为进一步研究高阶算子做了前期的准备工作。此处所研究的是一类微分算式较简单，两个边界条件带特征参数，且边界条件与转移条件都较特殊的四阶微分算子，利用其系数构造行列式，进而在空间 H 中定义内积及其与特征参数相关的线性算子 A，将问题转化为研究一个新的 Hilbert 空间中算子的特征值和特征函数的问题，证明这样的算子 A 在 H 中是自共轭的，全部特征值都是实的，且对应于不同特征值的特征函数在相应内积的意义下是正交的。

接下来对于具有转移条件且四个边界条件带特征参数的四阶微分算子，所给的边界条件与转移条件都是一般情形，首先利用其系数构造两个四阶矩阵，其次利用矩阵所满足的条件得到了算子自共轭的充分必要条件，在算子自共轭的前提下，求出判别特征值的整函数，得到整函数的零点恰好是问题的特征值这一结论，最后证明此类算子只有点谱。

最后，研究了具有转移条件且 n 个边界条件带特征参数的 $2n$ 阶微分算子，由于微分表达式及其边界条件系数的复杂性，巧妙地利用带特征参数边界条件的系数构造出 n 个二阶行列式，并由此二阶行列式的值参与定义算子的内积，进而定义与特征参数相关的算子 A，将问题转化为研究算子 A 的特征值问题。首先证明了算子 A 的自共轭性；其次得到结论：所研究问题的特征值恰好是整函数 $\det\Phi(1, \lambda)$ 的零点；最后证明算子 A 只有点谱。

1.2　耗散算子特征函数与相伴函数完备性的研究

耗散算子是算子理论中非常重要的一类算子。在 Hilbert 空间中，耗散算子的研究来自对双曲型偏微分方程的 Cauchy 问题，这也是一类应用背景极强的算子。随着非线性科学中对无穷维动力系统的深入研究，耗散算子的研究也越来越引起人们的关注，国内外的许多学者针对此类算子进行了大量研究，并取得了一系列丰硕的研究成果。下面给出一个例子来说明耗散算子的应用。

例1.4 考虑如下的电报员方程

$$u_{tt} + u_t - u_{xx} = 0, \ a < x < b, \ t > 0, \tag{1-8}$$

令

$$y^1 = u_x + u_t, \ y^2 = u_x - u_t, \tag{1-9}$$

其中，

$$y_t^1 = y_x^1 - \frac{1}{2}(y^1 - y^2), \ y_t^2 = -y_x^2 + \frac{1}{2}(y^1 - y^2)_\circ \tag{1-10}$$

引入记号：

$$y = \begin{pmatrix} y^1 \\ y^2 \end{pmatrix}, \ E = \begin{pmatrix} 1 & 0 \\ 0 & 1 \end{pmatrix}, \ A = \begin{pmatrix} 1 & 0 \\ 0 & -1 \end{pmatrix},$$

$$B = \begin{pmatrix} -\dfrac{1}{2} & \dfrac{1}{2} \\ \dfrac{1}{2} & -\dfrac{1}{2} \end{pmatrix}, \ D = \begin{pmatrix} -1 & 1 \\ 1 & -1 \end{pmatrix},$$

则式 (1-8) 变成如下的表达式

$$y_t = L_1 y = E^{-1}[Ay_x + By], \ a < x < b, \ t > 0_\circ \tag{1-11}$$

事实上，

$$L_1 y = y_t = \begin{pmatrix} y_t^1 \\ y_t^2 \end{pmatrix} = \begin{pmatrix} y_x^1 - \dfrac{1}{2}(y^1 - y^2) \\ -y_x^2 + \dfrac{1}{2}(y^1 - y^2) \end{pmatrix} = \begin{pmatrix} y_x^1 - u_t \\ -y_x^2 + u_t \end{pmatrix} \tag{1-12}$$

$$= \begin{pmatrix} u_{xx} + u_{tx} - (u_{xx} - u_{tt}) \\ -u_{xx} + u_{tx} + (u_{xx} - u_{tt}) \end{pmatrix} = \begin{pmatrix} u_{tx} + u_{tt} \\ u_{tx} - u_{tt} \end{pmatrix},$$

$$E^{-1}[Ay_x + By] = \begin{pmatrix} 1 & 0 \\ 0 & -1 \end{pmatrix}\begin{pmatrix} u_{xx} + u_{tx} \\ u_{xx} - u_{tx} \end{pmatrix} + \begin{pmatrix} -\dfrac{1}{2} & \dfrac{1}{2} \\ \dfrac{1}{2} & -\dfrac{1}{2} \end{pmatrix}\begin{pmatrix} u_x + u_t \\ u_x - u_t \end{pmatrix}$$

$$= \begin{pmatrix} u_{xx} + u_{tx} - u_t \\ -u_{xx} + u_{tx} + u_t \end{pmatrix},$$

(1-13)

由式 (1-12) 和式 (1-13) 两式即可得电报员方程 (1-8), 所以式 (1-11) 与方程 (1-8) 等价, 对方程 (1-8) 的研究转化为了对表达式 (1-11) 的研究。

下面给出由表达式 (1-11) 所确定算子 L_1 的最大、最小算子域, 即

$$D(L_1) = \{y: y(x) \text{ 绝对连续}, y, y_x \in L^2((a, b); I)\}, \quad (1-14)$$

$$D(L_0) = \{y: y \in D(L_1), y(a) = 0 = y(b)\}。 \quad (1-15)$$

考虑 $a = -\infty$, $b = +\infty$ 时的情形。对 $\forall y \in D(L_1)$, 由于 a, b 是无穷端点, 则可得 $y(a) = 0 = y(b)$, 因此 $D(L_0) = D(L_1)$。

下面证明 $\mathrm{Re}(L_1 y, y) \leqslant 0$, $y \in D(L_0)$。

事实上, 由 Phillips R. S. (1959) 中的式 (1.7) 可得

$$(L_1 y, y) + (y, L_1 y) = \int_a^b (EDy, y)dx + (Ay, y)\Big|_a^b, \quad (1-16)$$

而 $y \in D(L_0)$, 由边值积分的定义可得 $(Ay, y)\Big|_a^b = \{|y^1(x)|^2 - |y^2(x)|^2\}\Big|_a^b = 0$, 又可知

$$\int_a^b (EDy, y)dx = \int_a^b (\begin{pmatrix} -1 & 1 \\ 1 & -1 \end{pmatrix}y, y)dx$$

$$= \int_a^b (-y_1^2 + y_1 y_2 + y_1 y_2 - y_2^2)dx = -\int_a^b (y_1 - y_2)^2 dx \leqslant 0,$$

(1-17)

所以, 对 $\forall y \in D(L_0)$, $\mathrm{Re}(y, L_1 y) \leqslant 0$ 成立。

令 $L = -iL_1$, 则 $\mathrm{Im}(Ly, y) = \mathrm{Im}(-iL_1 y, y) \geqslant 0$, 即算子 L 是耗散算子。

这就将给定的偏微分方程问题转化成了耗散算子问题, 进而开展问题的研究。

非自共轭微分算子的谱问题具有非常广泛的应用。例如，非经典小波问题可以由非自共轭谱问题的特征函数和相伴函数（associated function）得到。因此，这样一类问题受到了越来越多的关注，特别是谱的离散性和特征函数的完备性问题。非自共轭微分算子的谱问题可以由下面的一个或多个因素构成：问题对谱参数的非线性依赖，非对称微分表达式，非自共轭边界条件对谱的影响。Gohberg I. C.、Krein M. G.（1969），以及Keldysh M. V.（1957）研究了依赖于谱参数且只有离散谱的非自共轭微分算子的谱问题，他们考虑了问题的谱及其特征函数，证明了特征函数在对应 Hilbert 函数空间中的完备性。

非自共轭微分算子也可能有连续谱的情形，Sims A. R.（1957）、Marchenko V. A.（1963）、Glazman I. M.（1965）与 Race D.（1980）等针对非自共轭的二阶微分算子做了研究，得到了确定连续谱与特征函数的一些重要结论。Race D.（1982）、Kamimura Y.（1990）等将 Sims A. R.（1957）、Glazman I. M.（1965）的一些结果推广到了高阶的情形，并讨论了非自共轭微分算子的本质谱。Naimark M. A.（1968）研究了由对称微分表达式生成的具有非自共轭边界条件的正则非自共轭微分算子。对于一端奇异的情形，Guseinov G. Sh.、Tuncay H.（1995）考虑了极限圆情形下，具有分离边界条件的二阶微分表达式生成的微分算子的特征行列式，得到了特征函数与相伴函数的完备性。与此同时，Bairamov E.、Krall A. M.（2001）也得到了类似的结果，只是他们所给的边界条件有所区别。由上面的讨论可知，众多学者都是首先给出微分算子为耗散算子的边界条件，然后研究问题的特征函数与相伴函数的完备性。那么，究竟什么样的边界条件才能生成耗散算子？王忠和 Wu H.（2006）讨论了极限圆情形下具有非自共轭边界条件的 Sturm-Liouville 微分算子，其边界条件可以是分离的，也可以是耦合的，他们首先给出生成耗散算子的所有非自共轭边界条件，其次证明了特征函数与相伴函数的完备性，他们推广了 Allahverdiev B. P.、Canoglu A.（1997）的结果，使问题更具一般性。

微分方程与边界条件中带谱参数的非自共轭边值问题也是微分算子谱理论研究中的一个重要问题。解决非自共轭（耗散）微分算子谱分析的一种基本方法是预解式的围道积分法（contour integration of the resolvent），但是对于边界条件带特征参数的耗散算子，不易得到解的渐进估计。Allahverdiev B. P.（2005）研究了极限圆情形下边界条件中带谱参数的一端奇异的耗散 Sturm-Liouville 问题，构造了耗散算子的函数模型（functional model），通过微分方程的解得到了对应于问题的特征函数，进而证明了此耗散 Sturm-Liouville 边值问题的特征函数与相伴函数的完备性。Allahverdiev B. P.（2006）又研究了带有特征参数且两个端点都是奇异的情形，得到了特征函数与相伴函数的完备性。

具有通常边界条件的非自共轭微分算子谱的研究也有许多成果，但是对于具有转移条件的耗散算子的研究还非常少见。Bairamov E.、Ugurlu E.（2011）研究了在 Weyl 极限圆情形下，在 $L^2(I)$ 中由具有分离边界条件及转移条件的 Sturm-Liouville 微分表达式生成的耗散算子 L 的特征行列式的扰动，证明了算子 L 的特征函数与相伴函数的完备性，其中所给区间的左端点与不连续点是正则的，区间的右端点是奇异的。

对于具有转移条件的高阶耗散算子，由于微分表达式及其边界条件的复杂性，使得对特征函数与相伴函数的研究有一定的难度。本书主要研究了一类具有转移条件及分离边界条件的四阶耗散算子，其中正则点 a 为一般分离型边界条件，奇异点 b 的边界条件对系数有严格的要求，进而证明由此确定的微分算子是耗散算子，且没有实的特征值。利用 Livšic 定理证明了算子的特征函数与相伴函数的完备性。对于具有转移条件耗散算子的研究工作仅仅是一个开头，其研究空间还非常广阔。

1.3 主要结果与创新

本书主要研究了具有转移条件及边界条件带特征参数高阶微分算子的自共轭性及其谱分析，以及一类四阶不连续耗散算子的特征函数与相伴函数的完备性问题。全书共分为 7 章，第 1 章给出了本书所研究问题的历史背景与发展现状，以及本书的主要结果；第 2 章介绍了具有转移条件高阶微分算子的自共轭性问题；第 3 章是具有转移条件的高阶微分算子自共轭的充要条件；第 4 章是具有转移条件及两个边界条件带特征参数的四阶微分算子的自共轭性；第 5 章是具有转移条件及四个边界条件带特征参数的四阶微分算子自共轭的充要条件及其特征函数的完备性；第 6 章是具有转移条件及边界条件带特征参数的 $2n$ 阶微分算子的自共轭性及其特征函数的完备性；第 7 章是具有转移条件的四阶微分算子的耗散性及其特征行列式。

1.3.1　主要研究结果

第一，研究了具有转移条件的高阶微分算子问题，主要包括它们的自共轭性及其算子为自共轭时边界条件所应满足的充要条件。

对于内部具有转移条件，并且区间两端点的边界条件以及转移条件都由矩阵给定的高阶微分算子，首先，将其放在一个适当的与转移条件相关的 Hilbert 空间 H 中加以处理，当给定边界条件与转移条件的系数矩阵满足一定条件时，利用自共轭微分算子的定义及其矩阵表示的方法证明了算子是自共轭的；其次，在这个与转移条件相关的 Hilbert 空间 H 中分别定义了与转移条件相关的最大、最小算子，通过这种最大、最小算子的构造，利用微分算子的一般理论，给出了直接由边界条件及转移条件的系数矩阵来判断高阶微分算子自共轭的充分必要条件，这也是判定具有转移条件高阶微分算子自共轭的一种解析判别准则。

第二，研究了具有转移条件及边界条件带特征参数的四阶及高阶微分算子的自共轭性及其判断此类算子为自共轭的充要条件，并且构造了问题的格林函数。

对于两个边界条件带特征参数的不连续微分算子，在适当的 Hilbert 空间 H 中定义了一个新的线性算子 A，使得所考虑问题的特征值与算子 A 的特征值相同，即把问题转化为研究一个新的 Hilbert 空间 H 中算子的特征值与特征函数的问题，证明了这样的算子 A 在 H 中是自共轭的。此处所给的边界条件与转移条件都是分离型的，且系数需满足一定的条件。

对于一般的情形，具有转移条件且四个边界条件都带特征参数的四阶微分算子，利用系数构造了两个四阶实矩阵，利用微分算子自共轭的一般原理，得到了用系数矩阵及转移条件的系数矩阵判别此类算子为自共轭的充要条件；另外，通过构造微分方程的解，得到一个和问题相关的整函

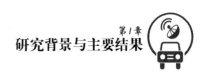

数，证明了问题的特征值恰好为整函数的零点；并且，对于此类算子，构造出算子的格林函数，证明了算子只有点谱。

对于具有转移条件及边界条件带特征参数的 $2n$ 阶微分算子，给出 n 个带特征参数的边界条件，证明了当带特征参数的边界条件中的系数构成的二阶行列式的值都大于零，且转移条件的系数满足一定条件的情形下，算子是自共轭的；通过构造微分方程的基本解，得到判断特征值的整函数，并证明问题的特征值恰好为整函数的零点，且算子只有点谱。

第三，研究了 Weyl 极限圆情形下具有转移条件的四阶耗散算子问题。给出 $L^2(I)$ 中由四阶微分表达式满足转移条件与边界条件所生成的耗散算子，其中不连续性由转移条件处理。然后，构造出问题的格林函数，利用 Livšic 定理，证明了特征函数与相伴函数的完备性。具体如下：

首先给出四阶微分算子的转移条件与边界条件，构造出方程 $l(y) = \lambda y$ 满足初始条件与转移条件的解，当 $\lambda = 0$ 时得到 $l(y) = 0$ 的解，利用满足初始条件与转移条件的 $l(y) = 0$ 的解构造出契合式，最终得到由此契合式来表示定义域中任意两个函数契合式的表达式（文中引理 7.3）；利用此表达式，证明了当满足边界条件与转移条件时，由耗散算子的定义得到算子在所考虑空间 H 上是耗散的，且没有实的特征值；进而得到：若复数是算子的特征值当且仅当它是整函数的一个零点；进一步构造出算子的格林函数，并证明零不是算子的特征值，求出算子的逆算子，进而利用 Livšic 定理证明了算子的特征函数与相伴函数的完备性。

1.3.2 本书与已出版著作的区别与联系

本书的写作方法与已有方法之间的关系如下：

第一，在研究具有转移条件的高阶微分算子自共轭性时，本书所采取的方法与前人所采取的方法有一定的区别。如第 2 章中首先给出边界条件与转移条件的系数矩阵所满足的条件，首次采用矩阵表示的方法，进而利用微分算子的一般理论证明了算子是自共轭的；在第 3 章的讨论中，想要得到具有转移条件的高阶微分算子自共轭的充要条件，首先讨论转移条件的系数矩阵所满足的条件，其次得到判断算子为自共轭时定义域所需满足的条件，最后根据所得结论给出算子为自共轭的解析判别准则，而前人对二阶情形进行讨论时，对转移条件的系数矩阵所满足的条件没有做专门的研究，这是不同的。

第二，在研究具有转移条件及边界条件带特征参数的高阶微分算子时，如第 5 章，首先构造了两个四阶实矩阵，其元素由带特征参数的边界条件的系数所确定，利用微分算子自共轭的一般原理，得到了用此实矩阵及转移条件的系数矩阵判别算子为自共轭的充要条件，并得到了算子的一些其他相关结论。此处所用的构造矩阵的方法不同于前人在讨论二阶微分算子时所用的方法。

第三，在研究具有转移条件的不连续四阶耗散算子时，给定转移条件与边界条件后，系数要满足一定的条件，由此才能确定所研究的算子为耗散算子，进而确定出算子的格林函数，得到特征函数与相伴函数的完备性。虽然本书所用方法与前人讨论不连续二阶耗散算子时所用的方法类似，但因为算子是四阶的且边界条件与转移条件的系数繁多，所以推导过程较为复杂，讨论也有一定的难度。

第四，从本书的构思来看，本人采取由易到难的方法，如先考虑四阶微分算子，然后考虑 $2n$ 阶高阶微分算子，先考虑两个边界条件带特征参数的四阶微分算子，然后考虑四个边界条件都带特征参数的四阶微分算子，先考虑简单的边界条件（系数有一部分为零），再考虑一般化的边界条件所确定的微分算子，将问题逐步完善。

1.3.3 创新

第一，首次利用矩阵表示的方法来证明具有转移条件高阶微分算子的自共轭性，并且给出了边界条件及转移条件的系数矩阵所满足的条件。

第二，首次研究具有转移条件高阶微分算子自共轭的充要条件，且其中所给转移条件及边界条件的系数矩阵都是复矩阵。

第三，对具有转移条件且四个边界条件都带特征参数的四阶微分算子的研究，利用转移条件与边界条件的系数矩阵来寻找算子自共轭的充要条件。

第四，对于具有转移条件且 n 个边界条件带特征参数的 $2n$ 阶微分算子，从一个新的视点，巧妙给出边界条件与转移条件，并利用带特征参数

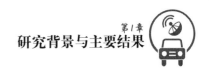

边界条件中的系数构造出 n 个二阶行列式，进而定义内积，确定与特征参数相关的算子，证明算子是自共轭的，并且通过基本解构造得到确定算子特征值的整函数，最后证明此算子只有点谱。

第五，首次考虑具有转移条件的四阶耗散算子，给出了微分算子成为耗散算子时，奇异端点 b 所需满足的边界条件，证明了其特征函数与相伴函数的完备性。

第❷章
具有转移条件高阶微分算子的自共轭性

由于具有转移条件，在区间的内点，方程的解或其导数可以不连续，这样的问题在理论上和应用上都十分重要；由于自共轭微分算子的谱是实的，且实际当中的许多物理、科技方面的问题都可以转化为高阶微分算子的问题，因此对于内部具有不连续点的高阶微分算式所生成微分算子的自共轭性的研究显得更加重要。本章重点研究此类具有转移条件的高阶微分算子的自共轭性。

将此问题放在一个适当的与转移条件相关的 Hilbert 空间 H 中研究，分别定义了与转移条件相关的最大、最小算子，通过这种最大、最小算子的构造，利用矩阵表示的方法，证明了在内部点处具有转移条件的此类高阶微分算子是自共轭的，算子的所有特征值都是实的，对应于不同特征值的特征向量是正交的。

2.1 预备知识

考虑 $2n$ 阶对称微分算式

$$\tau(y) = \sum_{k=0}^{n} (-1)^k (p_{n-k}(x) y^{(k)})^{(k)}, \ x \in I = [-1, 0) \cup (0, 1)。$$

$$(2-1)$$

具有边界条件

$$AC_y(-1) + BC_y(1) = 0,$$
$$(2-2)$$

及转移条件

$$C_y(0+) = C \cdot C_y(0-),\qquad(2\text{-}3)$$

所确定的微分算子 T。

其中，$p_0^{-1}(x)$，$p_1(x)$，$\cdots$，$p_n(x) \in L^1(I, R)$，$\lim\limits_{x\to 0\pm}p_k(x) = p_k(0\pm)$ 是有限的，$k = 0, 1, 2, \cdots, n$。$A = (a_{ij})$，$B = (b_{ij})$，$C = (c_{ij})$，$i, j = 1, 2, \cdots, 2n$，是 $2n$ 阶非奇异的复矩阵，且 $|C| = \rho^n$，$\rho > 0$。

为了考虑算子的自共轭性，首先对边界条件（2-2）及转移条件（2-3）中的系数矩阵做一定的假设，即

$$AQ_{2n}A^* = \rho BQ_{2n}B^*,\ C^*Q_{2n}C = \rho Q_{2n},\qquad(2\text{-}4)$$

其中，

$$Q_{2n} = \begin{bmatrix} & & & & & 1 \\ & & & & \cdots & \\ & & & 1 & & \\ & & -1 & & & \\ & \cdots & & & & \\ -1 & & & & & \end{bmatrix},$$

1 与 -1 的个数均为 n，且 $\det Q_{2n} \neq 0$，$Q_{2n}^* = -Q_{2n}$，$[Q_{2n}^{-1}]^* = [Q_{2n}^*]^{-1} = -Q_{2n}^{-1}$。

$$R_z(x) = (z(x),\ z^{[1]}(x),\ \cdots,\ z^{[2n-1]}(x)),\qquad(2\text{-}5)$$
$$C_y(x) = (y(x),\ y^{[1]}(x),\ \cdots,\ y^{[2n-1]}(x))^T,$$

$y^{[1]}(x)$，$y^{[2]}(x)$，$\cdots$，$y^{[2n-1]}(x)$ 称为函数 y 相应于表达式 $\tau(y)$ 的拟导数，且 $y^{[0]}(x) = y(x)$，拟导数的定义如，

$$y^{[k]}(x) = \frac{d^k y}{dx^k},\ k = 1, 2, \cdots, n-1,$$
$$y^{[n]}(x) = p_0\frac{d^n y}{dx^n},\qquad(2\text{-}6)$$
$$y^{[n+k]}(x) = p_k\frac{d^{n-k}y}{dx^{n-k}} - \frac{d}{dx}(y^{[n+k-1]}),\ k = 1, 2, \cdots, n。$$

且由拟导数的定义直接可得到 $\tau(y) = y^{[2n]}$。

拉格朗日公式：设 y, z 为两个函数，对 y, z 来说，表达式 τ 有意义，

于是

$$\tau(y)\bar{z} - y\tau(\bar{z}) = \frac{d}{dx}[y, z](x),\qquad(2\text{-}7)$$

其中，

$$[y, z](x) = W(y, \bar{z}; x)$$
$$= \sum_{k=1}^{n}\{y^{[k-1]}(x)\bar{z}^{[2n-k]}(x) - y^{[2n-k]}(x)\bar{z}^{[k-1]}(x)\}$$
$$= R_y(x)Q_{2n}C_{\bar{z}}(x),$$

式（2-7）称为拉格朗日公式。

对于有限区间 $[\alpha, \beta] \subset I$，将式（2-7）两端积分，得到积分形式的拉格朗日恒等式

$$\int_{\alpha}^{\beta}\tau(y)\bar{z}dx - \int_{\alpha}^{\beta}y\tau(\bar{z})dx = [y, z]\big|_{\alpha}^{\beta},\qquad(2\text{-}8)$$

其中，$[y, z]\big|_{\alpha}^{\beta}$ 表示函数 $[y, z](x)$ 在 $x=\beta$ 和 $x=\alpha$ 处值之差。

在 $L^2(I)$ 中定义如下内积

$$(f, g) = \int_{-1}^{0}f_L\bar{g}_Ldx + \frac{1}{\rho}\int_{0}^{1}f_R\bar{g}_Rdx, \quad \forall f, g \in L^2(I),\qquad(2\text{-}9)$$

其中，

$$f_L(x) = f(x)\big|_{[-1, 0)}, f_R(x) = f(x)\big|_{(0, 1]},$$

类似的，

$$f_L^{[k]}(x) = f^{[k]}(x)\big|_{[-1, 0)}, f_R^{[k]}(x) = f^{[k]}(x)\big|_{(0, 1]}, k = 1, 2, \cdots, 2n-1。$$

具有此内积的空间 $L^2(I)$ 是 Hilbert 空间，把它记为 H。

下面将在 Hilbert 空间 H 中来考虑问题。

设 L_{MT} 为与 T 相关的最大算子：

$$D(L_{MT}) = \{f \in H \,|\, f_L^{[2n-1]} \in AC_{loc}[-1, 0), f_R^{[2n-1]} \in AC_{loc}(0, 1],$$
$$\tau(f) \in H, C_f(0+) = C \cdot C_f(0-)\},$$
$$L_{MT}(f) = \tau(f), \quad \forall f \in D(L_{MT})。$$

设 L_{0T} 为与 T 相关的最小算子：

$$D(L_{0T}) = \{f \in D(L_{MT}) \,|\, C_f(1) = C_f(-1) = 0\},$$
$$L_{0T}(f) = \tau(f), \quad \forall f \in D(L_{0T})。$$

则算子 T 的定义域为：

$$D(T) = \{f \in D(L_{MT}) \mid AC_f(-1) + BC_f(1) = 0\},$$
$$T(f) = \tau(f), \quad \forall f \in D(T)。$$

引理 2.1 $D(T)$ 在 H 中是稠密的。

证明 令 $\widetilde{C_0^\infty}$ 表示下列函数全体：

$$\varphi(x) = \begin{cases} \varphi_L(x), & x \in [-1, 0); \\ \varphi_R(x), & x \in (0, 1]。 \end{cases},$$

其中，$\varphi_L(x) \in C_0^\infty[-1, 0)$，$\varphi_R(x) \in C_0^\infty(0, 1]$，显然，$\widetilde{C_0^\infty} \subset D(T)$。

对于 $\forall f \in H$，$f(x) = \begin{cases} f_L(x), & x \in [-1, 0); \\ f_R(x), & x \in (0, 1]。 \end{cases}$，及 $\forall \varepsilon > 0$，由 $C_0^\infty[-1, 0)$ 在 $L^2[-1, 0)$ 中的稠密性知，存在 $g_L(x) \in C_0^\infty[-1, 0)$，使得

$$\int_{-1}^0 |f_L - g_L|^2 dx < \frac{\varepsilon}{2},$$

同理，存在 $g_R(x) \in C_0^\infty(0, 1]$，使得

$$\frac{1}{\rho} \int_0^1 |f_R - g_R|^2 dx < \frac{\varepsilon}{2}。$$

令 $g(x) = \begin{cases} g_L(x), & x \in [-1, 0); \\ g_R(x), & x \in (0, 1]。 \end{cases}$，则以上论述表明：对于 $\forall f \in H$

及上述给定的 $\varepsilon > 0$，存在 $g(x) \in \widetilde{C_0^\infty}$，使得

$$\|f - g\|^2 = \int_{-1}^0 |f_L - g_L|^2 dx + \frac{1}{\rho} \int_0^1 |f_R - g_R|^2 dx < \varepsilon,$$

故 $\widetilde{C_0^\infty}$ 在 H 中稠，从而必有 $D(T)$ 在 H 中是稠密的。

□

2.2 主要结论

定理 2.1 由式 (2-1) - (2-3) 所定义的算子 T 是自共轭的。

证明 对 $\forall f,\ g \in D(T)$，由分部积分法得

$$(Tf,\ g) = \int_{-1}^{0} \tau(f)\bar{g}dx + \frac{1}{\rho}\int_{0}^{1} \tau(f)\bar{g}dx$$

$$= \int_{-1}^{0} f\tau(\bar{g})dx + \frac{1}{\rho}\int_{0}^{1} f\tau(\bar{g})dx + [f,\ g]\mid_{-1}^{0} + \frac{1}{\rho}[f,\ g]\mid_{0}^{1}$$

$$= (f,\ Tg) + [f,\ g]\mid_{-1}^{0} + \frac{1}{\rho}[f,\ g]\mid_{0}^{1}$$

$$= (f,\ Tg) + W(f,\ \bar{g};\ 0-) - W(f,\ \bar{g};\ -1) +$$

$$\frac{1}{\rho}W(f,\ \bar{g};\ 1) - \frac{1}{\rho}W(f,\ \bar{g};\ 0+),$$

所以，由假设（2-4）可知：

$$W(f,\ \bar{g};\ 0+) = R_f(0+)Q_{2n}C_{\bar{g}}(0+)$$

$$= R_f(0-)C^* Q_{2n}CC_{\bar{g}}(0-)$$

$$= R_f(0-)(\rho Q_{2n})C_g(0-)$$

$$= \rho W(f,\ \bar{g};\ 0-),$$

$$W(f,\ \bar{g};\ 1) = R_f(1)Q_{2n}C_{\bar{g}}(1)$$

$$= -R_f(-1)(B^{-1}A)^* Q_{2n}(-B^{-1}A)C_{\bar{g}}(-1)$$

$$= R_f(-1)[(B^{-1}A)^* Q_{2n}(B^{-1}A)]C_{\bar{g}}(-1)$$

$$= R_f(-1)\rho Q_{2n}C_{\bar{g}}(-1)$$

$$= \rho W(f,\ \bar{g};\ -1)。$$

综上可知，$(Tf,\ g) = (f,\ Tg)$，即 T 是对称算子。

下面只需证明，若对 $\forall f \in D(T)$，$(Tf,\ g) = (f,\ \omega)$ 成立，则必有 $g \in$ $D(T)$ 且 $\tau(g) = \omega$ 即可。由于对 $\forall f \in \widetilde{C_0^{\infty}} \subset D(T)$，有 $(Tf,\ g) = (f,\ \omega)$ 成立，则有 $g_L^{[2n-1]} \in AC_{loc}[-1,\ 0]$，$g_R^{[2n-1]} \in AC_{loc}(0,\ 1]$，$\tau(g) \in H$ 且 $\omega = \tau(g)$。以下证明 $AC_g(-1) + BC_g(1) = 0$ 及 $C_g(0+) = C \cdot C_g(0-)$ 成立。

根据 $(Tf,\ g) = (f,\ \omega) = (f,\ Tg)$，有

$$(Tf,\ g) = \int_{-1}^{0} f\tau(\bar{g})dx + \frac{1}{\rho}\int_{0}^{1} f\tau(\bar{g})dx,$$

另外，由分部积分有

$$(Tf,\ g) = \int_{-1}^{0} f\tau(\bar{g})dx + \frac{1}{\rho}\int_{0}^{1} f\tau(\bar{g})dx +$$

$$W(f, \bar{g}; -1) - \frac{1}{\rho}W(f, \bar{g}; 1) + \frac{1}{\rho}W(f, \bar{g}; 0+) - W(f, \bar{g}; 0-),$$

因此，

$$W(f, \bar{g}; -1) - \frac{1}{\rho}W(f, \bar{g}; 1) + \frac{1}{\rho}W(f, \bar{g}; 0+) - W(f, \bar{g}; 0-) = 0。$$

根据纳依玛克补缀（Naimark Patching）引理，选取函数 f_1, f_2, $\cdots$, $f_{2n} \in D(T)$，使得

$$f_i(0+) = f_i^{[1]}(0+) = \cdots = f_i^{[2n-1]}(0+) = 0, \ i = 1, 2, \cdots, 2n,$$

则 $W(f, \bar{g}; 0+) = 0$，而 $f_i \in D(T)(i = 1, 2, \cdots, 2n)$，满足 $C_{f_i}(0+) = C \cdot C_{f_i}(0-)$，$(i = 1, 2, \cdots, 2n)$，则 $C_{f_i}(0-) = 0$，所以，$W(f, \bar{g}; 0-) = 0$，因此，$W(f, \bar{g}; 1) = \rho W(f, \bar{g}; -1)$，即

$$R_{f_i}(1)Q_{2n}C_{\bar{g}}(1) = \rho R_{f_i}(-1)Q_{2n}C_{\bar{g}}(-1), \ i = 1, 2, \cdots, 2n。$$

记

$$\begin{bmatrix} f_1(1) & f_1^{[1]}(1) & \cdots & f_1^{[2n-1]}(1) \\ f_2(1) & f_2^{[1]}(1) & \cdots & f_2^{[2n-1]}(1) \\ \vdots & \vdots & \ddots & \vdots \\ f_{2n}(1) & f_{2n}^{[1]}(1) & \cdots & f_{2n}^{[2n-1]}(1) \end{bmatrix} = F(1),$$

$$\begin{bmatrix} f_1(-1) & f_1^{[1]}(-1) & \cdots & f_1^{[2n-1]}(-1) \\ f_2(-1) & f_2^{[1]}(-1) & \cdots & f_2^{[2n-1]}(-1) \\ \vdots & \vdots & \ddots & \vdots \\ f_{2n}(-1) & f_{2n}^{[1]}(-1) & \cdots & f_{2n}^{[2n-1]}(-1) \end{bmatrix} = F(-1),$$

所以，$F(1)Q_{2n}C_{\bar{g}}(1) = \rho F(-1)Q_{2n}C_{\bar{g}}(-1)$。

令 $F(1)Q_{2n} = B$，$\rho F(-1)Q_{2n} = -A$，则有 $BC_{\bar{g}}(1) = -AC_{\bar{g}}(-1)$，即函数 g 满足边界条件 $AC_{\bar{g}}(-1) + BC_{\bar{g}}(1) = 0$。

事实上，由 $F(1)Q_{2n} = B$，$\rho F(-1)Q_{2n} = -A$，可知 $F(1) = -\rho BA^{-1} F(-1)$，而 $f_i \in D(T)$，$i = 1, 2, \cdots, 2n$，则 $AC_{f_i}(-1) + BC_{f_i}(1) = 0$，综合以上讨论可知，$AQ_{2n}^{-1}A^* = \rho BQ_{2n}^{-1}B^*$，即如上选取的矩阵 A，B 满足题设条件。

选取函数 f_1, f_2, $\cdots$, $f_{2n} \in D(T)$，使得

$f_i(-1) = f_i^{[1]}(-1) = \cdots = f_i^{[2n-1]}(-1) = 0, \ i = 1, 2, \cdots, 2n,$

则 $W(f, \bar{g}; -1) = 0$，而 $f_i \in D(T)(i = 1, 2, \cdots, 2n)$，满足 $AC_{f_i}(-1) + BC_{f_i}(1) = 0(i = 1, 2, \cdots, 2n)$，$A, B$ 为非奇异矩阵，则 $f_i(1) = f_i^{[1]}(1) = \cdots = f_i^{[2n-1]}(1) = 0(i = 1, 2, \cdots, 2n)$，所以，$W(f, \bar{g}; 1) = 0$，因此，$W(f, \bar{g}; 0+) = \rho W(f, \bar{g}; 0-)$，即

$$R_{f_i}(0+)Q_{2n}C_{\bar{g}}(0+) = \rho R_{f_i}(0-)Q_{2n}C_{\bar{g}}(0-), \ i = 1, 2, \cdots, 2n_\circ$$

记

$$\begin{bmatrix} f_1(0+) & f_1^{[1]}(0+) & \cdots & f_1^{[2n-1]}(0+) \\ f_2(0+) & f_2^{[1]}(0+) & \cdots & f_2^{[2n-1]}(0+) \\ \vdots & \vdots & \ddots & \vdots \\ f_{2n}(0+) & f_{2n}^{[1]}(0+) & \cdots & f_{2n}^{[2n-1]}(0+) \end{bmatrix} = F(0+),$$

$$\begin{bmatrix} f_1(0-) & f_1^{[1]}(0-) & \cdots & f_1^{[2n-1]}(0-) \\ f_2(0-) & f_2^{[1]}(0-) & \cdots & f_2^{[2n-1]}(0-) \\ \vdots & \vdots & \ddots & \vdots \\ f_{2n}(0-) & f_{2n}^{[1]}(0-) & \cdots & f_{2n}^{[2n-1]}(0-) \end{bmatrix} = F(0-),$$

所以，$F(0+)Q_{2n}C_{\bar{g}}(0+) = \rho F(0-)Q_{2n}C_{\bar{g}}(0-)_\circ$

令 $F(0+)Q_{2n} = E$，$\rho F(0-)Q_{2n} = C$，则有 $C_{\bar{g}}(0+) = C \cdot C_{\bar{g}}(0-)$，即函数 g 满足转移条件。

事实上，由于 $f_i \in D(T)(i = 1, 2, \cdots, 2n)$，则 $C_{f_i}(0+) = C \cdot C_{f_i}(0-)$，由此可知 $F(0+) = F(0-)C^*$；再由 $F(0+)Q_{2n} = E$，$\rho F(0-)Q_{2n} = C$，可知 $F(0+) = \rho C^{-1}F(0-)$，综合以上讨论可知，$C^*Q_{2n}C = \rho Q_{2n}$，即如上选取的矩阵 C 满足题设条件。

由以上讨论可知：函数 $g \in D(T)$，则 T 是自共轭算子。

$\square$

注 2.1 这里

$$f_i(0+) = f_{Ri}(0) = \lim_{x \to 0+}f_{Ri}(x), \ f_i^{[k]}(0+) = f_{Ri}^{[k]}(0) = \lim_{x \to 0+}f_{Ri}^{[k]}(x),$$

$$i = 1, 2, \cdots, 2n, \ k = 1, 2, \cdots, 2n-1_\circ$$

由 Zettle A.（1997）可知，这些极限存在且有限。类似地，

$$f_i(0-) = f_{Li}(0) = \lim_{x \to 0-}f_{Li}(x), \ f_i^{[k]}(0-) = f_{Li}^{[k]}(0) = \lim_{x \to 0-}f_{Li}^{[k]}(x),$$

$$i = 1, 2, \cdots, 2n, \ k = 1, 2, \cdots, 2n - 1,$$

由左极限来定义。事实上，对于 $f \in H$，且满足

$$f_L^{[2n-1]} \in AC_{loc}[-1, 0), \ f_R^{[2n-1]} \in AC_{loc}(0, 1], \ \tau(f) \in H$$

的所有函数来说，这些极限都存在且有限。

根据自共轭微分算子的一般性质，即有下述结论：

定理 2.2 由式（2-1）–（2-3）所定义的算子 T 的特征值（若存在）都是实数，并且对应于不同特征值的特征函数互相正交。

第❸章
具有转移条件高阶微分算子
自共轭的充要条件

在第 2 章中，考虑的 $2n$ 阶对称微分算式（见式（2-1））具有边界条件（2-2）及转移条件（2-3）所确定的微分算子 T，在边界条件及转移条件的系数矩阵满足一定条件的情况下，利用自共轭微分算子的定义，通过矩阵表示的方法直接证明了这样的高阶微分算子 T 是自共轭的。

这一章，考虑的仍然是这样的 $2n$ 阶对称微分算式所确定的微分算子，但转移条件是更一般的形式，即 $CY(c-) + DY(c+) = 0$，其中，矩阵 C, D 是 $2n$ 阶复矩阵，且满足条件 $\det C = \det D \neq 0$，比第 2 章所给的转移条件更具一般性。将此问题放在一个与转移条件相关的 Hilbert 空间 H 中进行研究，分别定义了与转移条件相关的最大、最小算子。通过这种最大、最小算子的构造，得到了具有这样的边界条件和在内部点处具有转移条件的正则高阶微分算子自共轭的充要条件，并且这一自共轭的充分必要条件是由确定边界条件和转移条件的系数矩阵所描述的。值得注意的是，这里给出的转移条件与边界条件的系数矩阵都是复的，不同于王爱平（2006）要求转移条件的系数矩阵是实矩阵，且行列式大于零。

本章的结构安排如下：3.1 节介绍与转移条件相关的 Hilbert 空间 H，给出与算子 T 相关的最大、最小算子的定义，且证明与此最大、最小算子是相互共轭的；3.2 节给出这样的高阶微分算子 T 为自共轭的充分必要条件；3.3 节举例说明如何利用充分必要条件来判定高阶微分算子的自共轭性。

3.1 预备知识

本章考虑 $2n$ 阶对称微分算式

$$l(y) = \sum_{k=0}^{n} (-1)^k (p_{n-k}(x) y^{(k)})^{(k)}, \quad x \in I = [a, c) \cup (c, b], \quad (3\text{-}1)$$

具有边界条件

$$AY(a) + BY(b) = 0, \quad (3\text{-}2)$$

及转移条件

$$CY(c-) + DY(c+) = 0, \quad (3\text{-}3)$$

所确定的微分算子 T。

其中，$-\infty \leqslant a < b \leqslant \infty$，$c \in (a, b)$，$p_{n-k}(x) \in C^k(I)$ 且都是实的，$p_0^{-1}(x)$，$p_k(x) \in L^1(I, R)$，$\lim\limits_{x \to c\pm} p_k(x) = p_k(c\pm)$ 存在且是有限的，$k = 0$，1，2，$\cdots$，n。$A = (a_{ij})$，$B = (b_{ij})$，$C = (c_{ij})$，$D = (d_{ij})$，$i, j = 1, 2, \cdots$，$2n$，是 $2n$ 阶复矩阵，并且 $2n \times 4n$ 矩阵 $(A \mid B)$ 是满秩的，$\det C = \det D \neq 0$。

设 y，z 为两个函数，对 y，z 来说，表达式 $l(y)$，$l(z)$ 有意义，于是有积分形式的拉格朗日恒等式

$$\int_\alpha^\beta l(y)\bar{z}\,dx - \int_\alpha^\beta y \overline{l(z)}\,dx = W(y, \bar{z}; \beta) - W(y, \bar{z}; \alpha), \quad (3\text{-}4)$$

其中，

$$W(y, \bar{z}; x) = \sum_{k=1}^{n} \left\{ y^{[k-1]} \bar{z}^{[2n-k]} - y^{[2n-k]} \bar{z}^{[k-1]} \right\} = Z^*(x) J Y(x),$$

$$(3\text{-}5)$$

$$J = \begin{bmatrix} & & & & & -1 \\ & & & & \cdots & \\ & & & -1 & & \\ & & 1 & & & \\ & \cdots & & & & \\ 1 & & & & & \end{bmatrix},$$

1 与 -1 的个数均为 n。

在 $H = L^2(I)$ 中定义内积如下：

$$(f, g) = \int_a^c f_1 \bar{g}_1 dx + \int_c^b f_2 \bar{g}_2 dx, \quad \forall f, g \in L^2(I) \tag{3-6}$$

其中，$f_1(x) = f(x)\big|_{[a, c)}$，$f_2(x) = f(x)\big|_{(c, b]}$。具有此内积的空间 H 是 Hilbert 空间。下面将在基本空间 H 中研究问题。

定义 3.1 由微分算式 $l(y)$ 在 H 中生成的最大算子 L_M 定义为

$$D(L_M) = \{ y \in H \mid y_1, y_1^{[1]}, \cdots, y_1^{[2n-1]} \in AC_{loc}(a, c),$$
$$y_2, y_2^{[1]}, \cdots, y_2^{[2n-1]} \in AC_{loc}(c, b), l(y) \in H\}, \tag{3-7}$$
$$L_M y = l(y), \quad y \in D(L_M)_\circ$$

定义 3.2 由微分算式 $l(y)$ 在 H 中生成的最小算子 L_0 定义为

$$D(L_0) = \{ y \in D(L_M) \mid y^{[k]}(a) = y^{[k]}(c-) = y^{[k]}(c+)$$
$$= y^{[k]}(b) = 0, k = 0, 1, 2, \cdots, 2n-1\}, \tag{3-8}$$
$$L_0 y = l(y), \quad y \in D(L_0)_\circ$$

注 3.1

$$y^{[k]}(c-) = y_1^{[k]}(c-) = \lim_{x \to c-} y_1^{[k]}(x), \quad k = 0, 1, 2, \cdots, 2n-1,$$

这些极限存在且有限。相似地，

$$y^{[k]}(c+) = y_2^{[k]}(c+) = \lim_{x \to c+} y_2^{[k]}(x), \quad k = 0, 1, 2, \cdots, 2n-1,$$

由右极限定义。

在 H 中定义由微分算式 $l(y)$ 生成的算子 T

$$D(T) = \{ y \in D(L_M) \mid AY(a) + BY(b) = 0,$$
$$CY(c-) + DY(c+) = 0\}, \tag{3-9}$$
$$Ty = l(y), \quad y \in D(T)_\circ$$

于是，前面定义的 $2n$ 阶微分算子（3-1）-（3-3）即为 H 中定义的算子 T。为了研究问题的自共轭性条件，即给出算子 T 为自共轭的充分必要条件。下面引入与算子 T 相关的最大、最小算子。

定义 3.3 与算子 T 相关的最大算子 L_{MT} 定义为

$$D(L_{MT}) = \{y \in D(L_M) \mid CY(c-) + DY(c+) = 0\}, \quad (3\text{-}10)$$
$$L_{MT}(y) = l(y), \quad \forall y \in D(L_{MT})。$$

定义 3.4 与算子 T 相关的最小算子 L_{0T} 定义为
$$D(L_{0T}) = \{y \in D(L_{MT}) \mid y^{[k]}(a) = y^{[k]}(b) = 0, \ k = 0, 1, 2, \cdots, 2n-1\},$$
$$L_{0T}(y) = l(y), \quad \forall y \in D(L_{0T})。$$

则由以上定义显然有 $L_0 \subset L_{0T} \subset T \subset L_{MT} \subset L_M$。
由微分算子的一般理论可知引理 3.1 至引理 3.4 成立。

引理 3.1 最小算子 L_0 是一闭的稠定对称微分算子，且 $L_0^* = L_M$，$L_M^* = L_0$。

由共轭算子的性质，可知
$$L_0 \subset L_{MT}^* \subset T^* \subset L_{0T}^* \subset L_M。 \quad (3\text{-}11)$$
对任意的 u，$v \in D(L_{MT})$，由拉格朗日恒等式（3-4）及内积的定义（3-6），利用分部积分法可得
$$(l(u), v) - (u, l(v)) = W(u, \bar{v}; b) - W(u, \bar{v}; a) + \quad (3\text{-}12)$$
$$W(u, \bar{v}; c-) - W(u, \bar{v}; c+)。$$

引理 3.2 对任意的 u，$v \in D(L_{MT})$，当且仅当 $CJ^{-1}C^* = DJ^{-1}D^*$ 时，
$$W(u, \bar{v}; c-) - W(u, \bar{v}; c+) = 0。 \quad (3\text{-}13)$$
证明 对任意的 u，$v \in D(L_{MT})$，有
$$W(u, \bar{v}; c-) = V^*(c-)JU(c-)$$
$$= (-C^{-1}DV(c+))^*J(-C^{-1}DU(c+))$$
$$= V^*(c+)D^*(C^{-1})^*JC^{-1}DU(c+),$$
所以，当且仅当 $CJ^{-1}C^* = DJ^{-1}D^*$ 时，$D^*(C^{-1})^*JC^{-1}D = J$，即
$$W(u, \bar{v}; c-) - W(u, \bar{v}; c+) = 0。$$

□

由式（3-12）及引理 3.2 可知，当且仅当 $CJ^{-1}C^* = DJ^{-1}D^*$ 时，对任意的 u，$v \in D(L_{MT})$，有
$$(l(u), v) - (u, l(v)) = W(u, \bar{v}; b) - W(u, \bar{v}; a)。 \quad (3\text{-}14)$$

因此可知，对任意 $u \in D(L_{0T})$，$v \in D(L_{MT})$，有

$$(L_{0T}u, \ v) = (u, \ L_{MT}v), \tag{3-15}$$

则显然，$L_{MT} \subset L_{0T}^*$，且 L_{0T} 是一稠定对称微分算子。

引理 3.3　对任意的复数组 α_1，α_2，$\cdots$，α_{2n}；β_1，β_2，$\cdots$，β_{2n}，存在 $u \in D(L_{MT})$，使得

$$u^{[k-1]}(a) = \alpha_k, \ u^{[k-1]}(b) = \beta_k, \ k = 1, \ 2, \ \cdots, \ 2n_\circ$$

引理 3.4　设 $f(x) \in H$，则方程 $l(y) = f$ 有解 $\psi(x) \in D(L_{0T})$ 当且仅当 f 正交于方程 $l(y) = 0$ 的所有属于 $D(L_{MT})$ 的解。

由王爱平（2006）博士论文中二阶微分算子的情形，可类似证明引理 3.3 与引理 3.4。

下面证明与 T 相关的最大、最小算子是相互共轭的。

定理 3.1　当且仅当 $CJ^{-1}C^* = DJ^{-1}D^*$ 时，与算子 T 相关的最大、最小算子是相互共轭的，即

$$L_{0T}^* = L_{MT}, \ L_{MT}^* = L_{0T^\circ}$$

证明　由式（3-15）知，当且仅当 $CJ^{-1}C^* = DJ^{-1}D^*$ 时，$L_{MT} \subset L_{0T}^*$。下面证明 $L_{0T}^* \subset L_{MT}$。为此，只需证明若 g，$g^* \in H$，并且对任何 $f \in D(L_{0T})$，有 $(l(f), g) = (f, g^*)$ 成立，则必有 $g \in D(L_{MT})$，且 $g^* = l(g)$。

设 $\psi(x) \in D(L_{MT})$ 是方程 $l(y) = g^*$ 的解，则对任意 $f \in D(L_{0T})$，当且仅当 $CJ^{-1}C^* = DJ^{-1}D^*$ 时，由式（3-15）可知，

$$(l(f), \ g) = (f, \ g^*) = (f, \ l(\psi)) = (l(f), \ \psi)_\circ$$

因此，$(l(f), \ g - \psi) = 0_\circ$ 由 $f \in D(L_{0T})$ 的任意性可知 $g - \psi \in R^\perp(L_{0T})$。由引理 3.4 可得 $y = g - \psi \in N(L_{MT})$，因而 $g - \psi = y \in D(L_{MT})$，即 $g = \psi + y \in D(L_{MT})$，$l(g) = l(\psi) + l(y) = l(\psi) = g^*$。这表明 $L_{0T}^* \subset L_{MT}$，故 $L_{0T}^* = L_{MT}$。

由 $L_{0T} \subset L_{MT}$，则有 $L_{MT}^* \subset L_{0T}^* = L_{MT}$，因此 L_{MT}^* 是由 $l(y)$ 生成的微分算子且 $D(L_{MT}^*) \subset D(L_{MT})$。由于对任意的 u，$v \in D(L_{MT})$，当且仅当 $CJ^{-1}C^* = DJ^{-1}D^*$ 时，有（3-14）式成立，因此 $v \in D(L_{MT}^*)$ 当且仅当对任意 $u \in$

$D(L_{MT})$，有

$$W(u, \bar{v};\ b) - W(u, \bar{v};\ a) = 0 。 \qquad (3-16)$$

由引理 3.3，可独立的选取 $u(a)$，$u^{[1]}(a)$，$\cdots$，$u^{[2n-1]}(a)$ 及 $u(b)$，$u^{[1]}(b)$，$\cdots$，$u^{[2n-1]}(b)$，从而对任何 $u \in D(L_{MT})$，（3-16）式成立当且仅当 $u^{[k]}(a) = v^{[k]}(b) = 0$，$k = 0, 1, 2, \cdots, 2n-1$，即 $v \in D(L_{0T})$。于是 $D(L_{MT}^{*}) = D(L_{0T})$，则 $L_{MT}^{*} = L_{0T}$。

□

定理 3.2 当且仅当 $CJ^{-1}C^{*} = DJ^{-1}D^{*}$ 时，T 的共轭算子 T^{*} 满足 $L_{0T} \subset T^{*} \subset L_{MT}$。

证明 由式（3-11）及定理 3.1，即可得结论。

□

定理 3.2 表明在空间 H 中，T^{*} 是由 $l(y)$ 生成的微分算子，注意到 $L_{0T} \subset T \subset L_{MT}$，因此 T^{*} 的定义域 $D(T^{*})$ 中的元素满足与 $D(T)$ 中元素相同的转移条件。

3.2 算子 T 为自共轭的充要条件

根据前面讨论，下面将给出由式（3-1）、式（3-2）和式（3-9）定义的算子 T 为自共轭的充要条件。

定理 3.3 设 T^{*} 表示 T 的共轭算子，当 $CJ^{-1}C^{*} = DJ^{-1}D^{*}$ 时，$v \in D(T^{*})$ 充分必要于 $v \in D(L_{MT})$，且对任意 $u \in D(T)$，有

$$W(u, \bar{v};\ b) - W(u, \bar{v};\ a) = 0 。$$

证明 设 $v \in D(T^{*})$，则对任意 $u \in D(T)$，有 $(Tu, v) - (u, T^{*}v) = 0$。由定理 3.2 可知，$v \in D(L_{MT})$，因此

$$(lu, v) - (u, lv) = W(u, \bar{v};\ b) - W(u, \bar{v};\ a) + W(u, \bar{v};\ c-) - W(u, \bar{v};\ c+) = 0 。$$

由引理 3.2 可知，当 $CJ^{-1}C^{*} = DJ^{-1}D^{*}$ 时，$W(u, \bar{v};\ c-) - W(u, \bar{v};\ c+) = 0$，因此

$$W(u, \bar{v};\ b) - W(u, \bar{v};\ a) = 0_{\circ}$$

相反地，若 $v \in D(L_{MT})$，且对任意 $u \in D(T)$，有 $W(u, \bar{v};\ b) - W(u, \bar{v};\ a) = 0$ 成立，则由引理 3.2 可知，当 $CJ^{-1}C^* = DJ^{-1}D^*$ 时，$W(u, \bar{v};\ c-) - W(u, \bar{v};\ c+) = 0$，则 $(lu, v) - (u, lv) = 0$，即 $v \in D(T^*)$。

$\square$

类似于定理 3.3 的证明，有下述结论：

定理 3.4 当 $CJ^{-1}C^* = DJ^{-1}D^*$ 时，由式（3-1）和式（3-2）定义的算子 T 是自共轭的当且仅当 $D(T)$ 满足

（1）$D(T) \subset D(L_{MT})$；

（2）对任意 $u, v \in D(T)$，有 $W(u, \bar{v};\ b) - W(u, \bar{v};\ a) = 0$ 成立；

（3）若 $v \in D(L_{MT})$，且对任意 $u \in D(T)$，有 $W(u, \bar{v};\ b) - W(u, \bar{v};\ a) = 0$ 成立，则 $v \in D(T)$。

在实际应用中，T 是由微分算式 $l(y)$ 及具体的边条件 $AY(a) + BY(b) = 0$ 和转移条件 $CY(c-) + DY(c+) = 0$ 所确定的。下面将给出自共轭边界条件一种直接的解析判别准则。由定理 3.3 和定理 3.4，可得刻画算子 T 为自共轭算子的边界条件定理如下：

定理 3.5

（1）设 $y \in D(L_{MT})$，$V(y) = SY(a) + FY(b)$ 是 $2n$ 维边界型，则 T 的边界条件 $U(y) = AY(a) + BY(b) = 0$ 与 $V(y) = 0$ 是相互共轭的当且仅当

$$AJ^{-1}S^* = BJ^{-1}F^*_{\circ}$$

（2）设 $y \in D(L_{MT})$，$\hat{V}(y) = \hat{S}Y(c-) + \hat{F}Y(c+)$ 是 $2n$ 维边界型，则 T 的转移条件 $\hat{U}(y) = CY(c-) + DY(c+) = 0$ 与 $\hat{V}(y) = 0$ 是相互共轭的当且仅当

$$CJ^{-1}\hat{S}^* = DJ^{-1}\hat{F}^*_{\circ}$$

证明（1）令 $\tilde{C}(y) = \begin{bmatrix} Y(a) \\ Y(b) \end{bmatrix}$，则有：

$$U(y) = AY(a) + BY(b) = (A \mid B) \tilde{C}(y),$$

其中，Rank $(A \mid B) = 2n$. 设 A_1、B_1 是 $2n \times 2n$ 矩阵，使得 $N = \begin{bmatrix} A & B \\ A_1 & B_1 \end{bmatrix}$ 为一非奇异矩阵，则

$$U_c(y) = A_1 Y(a) + B_1 Y(b) = (A_1 \mid B_1) \widetilde{C}(y)$$

是与原边界型 $U(y)$ 互补的边界型。于是 $\widetilde{U}(y) = \begin{bmatrix} U(y) \\ U_c(y) \end{bmatrix} = N \widetilde{C}(y)$，

$$W(y, \bar{z}, x) = \langle JY(x), Z(x) \rangle = Z^*(x) JY(x),$$

其中 $\langle \cdot, \cdot \rangle$ 表示复欧几里得空间中的通常内积。令

$$\widetilde{J} = \begin{bmatrix} -J & 0 \\ 0 & J \end{bmatrix},$$

则

$$\begin{aligned} W(y, \bar{z}; b) - W(y, \bar{z}; a) &= \widetilde{C}^*(y) \widetilde{J} \widetilde{C}(z) \\ &= \langle \widetilde{J} \widetilde{C}(y), \widetilde{C}(z) \rangle \\ &= \langle \widetilde{J} N^{-1} \widetilde{U}(y), \widetilde{C}(z) \rangle \\ &= \langle \widetilde{U}(y), (\widetilde{J} N^{-1})^* \widetilde{C}(z) \rangle_{\circ} \end{aligned}$$

显然，$(\widetilde{J} N^{-1})^*$ 是非奇异的。令

$$\widetilde{V}(z) = \begin{bmatrix} V_c(z) \\ V(z) \end{bmatrix} = (\widetilde{J} N^{-1})^* \widetilde{C}(z),$$

其中，$V(z) = SZ(a) + FZ(b)$，$V_c(z) = \widetilde{S} Z(a) + \widetilde{F} Z(b)$，则

$$\widetilde{V}(z) = \begin{bmatrix} \widetilde{S} & \widetilde{F} \\ S & F \end{bmatrix} \widetilde{C}(z), \quad (\widetilde{J} N^{-1})^* = \begin{bmatrix} \widetilde{S} & \widetilde{F} \\ S & F \end{bmatrix}_{\circ}$$

因此，

$$\widetilde{J} = \begin{bmatrix} -J & 0 \\ 0 & J \end{bmatrix} = \begin{bmatrix} \widetilde{S}^* & S^* \\ \widetilde{F}^* & F^* \end{bmatrix} N = \begin{bmatrix} \widetilde{S}^* & S^* \\ \widetilde{F}^* & F^* \end{bmatrix} = \begin{bmatrix} A & B \\ A_1 & B_1 \end{bmatrix},$$

有

$$E = \widetilde{J}^{-1} \widetilde{J} = \begin{bmatrix} -J^{-1} \widetilde{S}^* & -J^{-1} S^* \\ J^{-1} \widetilde{F}^* & J^{-1} F^* \end{bmatrix} \begin{bmatrix} A & B \\ A_1 & B_1 \end{bmatrix},$$

因此，

$$\begin{bmatrix} A & B \\ A_1 & B_1 \end{bmatrix} \begin{bmatrix} -J^{-1}\widetilde{S}^* & -J^{-1}S^* \\ J^{-1}\widetilde{F}^* & J^{-1}F^* \end{bmatrix} = E,$$

从而 $-AJ^{-1}S^* + BJ^{-1}F^* = 0$。

相反地，假定存在 $2n \times 2n$ 矩阵 S_1 和 F_1，使得 Rank $(S_1 | F_1) = 2n$，且

$$AJ^{-1}S_1^* = BJ^{-1}F_1^*。 \tag{3-17}$$

由 Rank $(A | B) = 2n$，令 $\mathcal{F}$ 表示由矩阵 $(A | B)$ 的 $2n$ 个线性无关行向量张成的空间，再由式（3-17），可得

$$(A | B) \begin{bmatrix} -J^{-1}S_1^* \\ J^{-1}F_1^* \end{bmatrix} = 0。$$

这表明矩阵 $R_1 = \begin{bmatrix} -J^{-1}S_1^* \\ J^{-1}F_1^* \end{bmatrix}$ 的所有列向量属于 $\mathcal{F}^\perp$。又因

$$R_1 = \begin{bmatrix} -J^{-1} & 0 \\ 0 & J^{-1} \end{bmatrix} \begin{bmatrix} S_1^* \\ F_1^* \end{bmatrix} = \widetilde{J}^{-1}(S_1 | F_1)^*,$$

从而由 Rank $(S_1 | F_1) = 2n$ 可知，Rank $R_1 = 2n$。因此 R_1 的 $2n$ 个线性无关列向量组成 $\mathcal{F}^\perp$ 的基。相似地，有

$$\text{Rank } R = \text{Rank} \begin{bmatrix} -J^{-1}S^* \\ J^{-1}F^* \end{bmatrix} = 2n,$$

并且它的 $2n$ 个列向量形成空间 $\mathcal{F}^\perp$ 的一组基。因此存在 $2n \times 2n$ 非奇异矩阵 P，使得 $R_1 = RP^*$，即 $\widetilde{J}^{-1}(S_1 | F_1)^* = \widetilde{J}^{-1}(S | F)^* P^*$。于是 $(S_1 | F_1) = P(S | F)$，有 $S_1 = PS$，$F_1 = PF$。故 $V_1(z) = PV(z)$，从而 $V_1(z) = 0$ 是 $U(y) = 0$ 的共轭边界条件。

（2）由（1）的证明可类似证明（2）。

$\square$

定理 3.5 给出了具有转移条件 $2n$ 阶算子 T 的共轭算子的边界条件。容易证明下述引理。

引理 3.5 由式（3-1）和式（3-2）定义的算子 T 是自共轭的当且仅

当 $U(y) = AY(a) + BY(b) = 0$ 及 $\hat{V}(y) = CY(c-) + DY(c+) = 0$ 是自共轭边界条件。

下面给出本章的重要结果，即具有转移条件 $2n$ 阶微分算子 T 为自共轭算子的充要条件。

定理 3.6 $2n$ 阶算子 T 是自共轭的当且仅当 $CJ^{-1}C^* = DJ^{-1}D^*$ 且 $AJ^{-1}A^* = BJ^{-1}B^*$。

证明   由引理 3.5 和定理 3.5，即可证得结论。

$\qquad\qquad\qquad\qquad\qquad\qquad\qquad\qquad\qquad\qquad\qquad\qquad\qquad\square$

由于 $J^{-1} = -J$，所以定理 3.6 又有如下形式：

推论 3.1 $2n$ 阶算子 T 是自共轭的当且仅当 $CJC^* = DJD^*$ 且 $AJA^* = BJB^*$。

注 3.1   对于在内部点处具有复转移条件的 $2n$ 阶算子，定理 3.6 与推论 3.1 直接利用其边界条件及转移条件的系数矩阵给出了自共轭边界条件的一种直接的解析判别准则。

注 3.2   王爱平（2006）讨论具有转移条件二阶微分算子为自共轭的充要条件时，要求转移条件的系数矩阵 C，D 是二阶实矩阵，此处 C，D 是 $2n$ 阶复矩阵，这是不同的。

3.3   实例

下面给出由具体的边界条件及转移条件所确定的微分算子，利用所得的判别定理，验证算子的自共轭性。

例 3.1   设 T 是由式 (3-1)、式 (3-2) 和式 (3-3) 定义的四阶微分算子，其中

$$A = \begin{bmatrix} 1 & 0 & 0 & 0 \\ 0 & -2 & 0 & 0 \\ 0 & 0 & 0 & 0 \\ 0 & 0 & 0 & 0 \end{bmatrix}, \quad B = \begin{bmatrix} 0 & 0 & 0 & 0 \\ 0 & 0 & 0 & 0 \\ 0 & 0 & 3 & 0 \\ 0 & 0 & 0 & -1 \end{bmatrix},$$

$$C = \begin{bmatrix} 1 & 0 & 0 & 0 \\ 0 & 1 & 0 & 0 \\ 0 & 0 & 1 & 0 \\ 0 & 0 & 0 & 1 \end{bmatrix}, \quad D = \begin{bmatrix} 1 & 0 & 2 & -3 \\ 0 & 1 & 0 & 2 \\ 0 & 0 & 1 & 0 \\ 0 & 0 & 0 & 1 \end{bmatrix}.$$

可以验证 $AJ^{-1}A^* = BJ^{-1}B^*$，$CJ^{-1}C^* = DJ^{-1}D^*$，则由定理 3.6 可知，算子 T 是自共轭的。

例 3.2 设 T 是由式 (3-1)、式 (3-2) 和式 (3-3) 定义的四阶微分算子，其中

$$A = \begin{bmatrix} 2i & 2 & 0 & 0 \\ i & -3i & 0 & 0 \\ 0 & 0 & 0 & 0 \\ 0 & 0 & 0 & 0 \end{bmatrix}, \quad B = \begin{bmatrix} 0 & 0 & 0 & 0 \\ 0 & 0 & 0 & 0 \\ 0 & 0 & -5 & 3i \\ 0 & 0 & i & -3i \end{bmatrix},$$

$$C = \begin{bmatrix} 1 & 0 & 0 & 0 \\ 0 & -i & 0 & 0 \\ 0 & 0 & 1 & 0 \\ 0 & 0 & 0 & -i \end{bmatrix}, \quad D = \begin{bmatrix} i & 0 & 0 & 0 \\ 0 & -1 & 0 & 0 \\ 0 & 0 & i & 0 \\ 0 & 0 & 0 & -1 \end{bmatrix}.$$

可以验证 $AJA^* = BJB^*$，$CJC^* = DJD^*$，则由推论 3.1 可知，算子 T 是自共轭的。

这一章考虑具有转移条件 $2n$ 阶微分算子自共轭的充要条件时，转移条件的两个系数矩阵要满足行列式的值相等，那么当行列式的值不相等时，自共轭的充分必要条件又如何，是否会得到与 $2n$ 阶微分算子类似的结果；另外，可以考虑在有限个点具有转移条件的微分算子自共轭的充要条件，以及奇异情形时具有转移条件及边界条件带特征参数的高阶微分算子的自共轭性及谱分析。

第❹章
具有转移条件及两个边界条件带
特征参数的四阶微分算子

本章，研究具有转移条件及两个边界条件带特征参数的一类四阶微分算子，即特征参数不仅出现在方程中，而且出现在两个边界条件中，且问题的解或其导数在区间的内部点处不连续。对于此类算子，由于边界条件中出现谱参数 λ，由其确定的线性算子会随 λ 的不同而不同。为此首先要在适当的 Hilbert 空间 H 上定义一个与其相关的线性算子 A，使所考虑的依赖于特征参数的不连续四阶微分算子与算子 A 的特征值相同，即把问题转化为研究一个新的 Hilbert 空间中算子的特征值和特征函数的问题，证明了这样的算子 A 在 H 中是自共轭的，特征值都是实的，且对应于不同特征值的特征函数在相应的意义下是正交的。

本章中，所给的边界条件，带特征参数的边界条件，以及转移条件都较为特殊，见式（4-2）-（4-9），即只有一部分系数是任意给定的，而另一部分系数是零，这为进一步的深入研究提供了前期准备，且转移条件的系数也有一定的要求，即要求系数行列式的值为 $\rho^2(\rho \neq 0)$，且行列式 $\begin{vmatrix} \alpha_3 & \alpha_4 \\ \tau_3 & \tau_4 \end{vmatrix}$ 与 $\begin{vmatrix} \beta_3 & \beta_4 \\ \gamma_3 & \gamma_4 \end{vmatrix}$ 的值必须都等于 ρ，在证明的过程中发现这个要求是非常必要的。

4.1 预备知识

设 L 表示微分算式

$$lu := (-a(x)u''(x))'' + q(x)u(x) = \lambda u(x), \quad x \in J, \qquad (4\text{-}1)$$

具有边界条件

$$l_1u := \alpha_1 u(-1) + \alpha_2 u'''(-1) = 0, \qquad (4\text{-}2)$$

$$l_2u := \beta_1 u'(-1) + \beta_2 u''(-1) = 0, \qquad (4\text{-}3)$$

依赖于特征参数的边界条件

$$l_3u := \lambda(\gamma'_1 u(1) - \gamma'_2 u'''(1)) + \gamma_1 u(1) - \gamma_2 u'''(1) = 0, \qquad (4\text{-}4)$$

$$l_4u := \lambda(\tau'_1 u'(1) - \tau'_2 u''(1)) + \tau_1 u'(1) - \tau_2 u''(1) = 0, \qquad (4\text{-}5)$$

及转移条件

$$l_5u := u(0+) - \alpha_3 u(0-) - \alpha_4 u'''(0-) = 0, \qquad (4\text{-}6)$$

$$l_6u := u'(0+) - \beta_3 u'(0-) - \beta_4 u''(0-) = 0, \qquad (4\text{-}7)$$

$$l_7u := u''(0+) - \gamma_3 u'(0-) - \gamma_4 u''(0-) = 0, \qquad (4\text{-}8)$$

$$l_8u := u'''(0+) - \tau_3 u(0-) - \tau_4 u'''(0-) = 0, \qquad (4\text{-}9)$$

所确定的微分算子。

其中，$J = [-1, 0) \cup (0, 1]$，$a(x) = a_1^2$，$x \in [-1, 0)$，$a(x) = a_2^2$，$x \in (0, 1]$，a_1，a_2 是非零实数；$q(x) \in L^1(J, R)$。$\lambda \in \mathbb{C}$ 是特征参数。

系数 α_i，β_i，γ_i，τ'_j，$\gamma'_j (i = 1, 2, 3, 4; j = 1, 2)$ 都是实数，且假定

$$\rho = \begin{vmatrix} \alpha_3 & \alpha_4 \\ \tau_3 & \tau_4 \end{vmatrix} = \begin{vmatrix} \beta_3 & \beta_4 \\ \gamma_3 & \gamma_4 \end{vmatrix} > 0,$$

$$\theta_1 = \begin{vmatrix} \gamma'_1 & \gamma'_2 \\ \gamma_1 & \gamma_2 \end{vmatrix} > 0, \quad \theta_2 = \begin{vmatrix} \tau'_1 & \tau'_2 \\ \tau_1 & \tau_2 \end{vmatrix} > 0,$$

且 $\alpha_1^2 + \alpha_2^2 \neq 0$，$\beta_1^2 + \beta_2^2 \neq 0$。

定义 4.1 令微分算式 $lu := (-a(x)u''(x))'' + q(x)u(x)$，

$$D_M = \{u \in H = L^2(J) \mid u, u', u'', u''' \in AC_{loc}(J), lu \in H\},$$

则 D_M 称为 lu 的最大算子域。

定义 4.2 对任意的复数组 ξ_1，ξ_2，ξ_3，ξ_4，及 η_1，η_2，η_3，η_4，存在 $y \in D_M$，满足

$$y^{(j-1)}(a) = \xi_j, \quad y^{(j-1)}(b) = \eta_j, \quad j = 1, 2, 3, 4。$$

第4章

定义 4.3 若微分算式 $lu := (-a(x)u''(x))'' + q(x)u(x)$ 在端点 a 是正则的，函数 $u \in D_M$，则 u，u'，u''，u''' 在 a 点是连续的，即极限

$$u^{(i)}(a) = \lim_{x \to a+} u^{(i)}(x), \ i = 0, 1, 2, 3,$$

存在且有限。

4.2 新算子 A 的构造

在空间 $L^2(J)$ 中定义内积

$$\langle f, g \rangle_1 = \frac{1}{a_1^2} \int_{-1}^0 f_1 \bar{g}_1 dx + \frac{1}{a_2^2 \rho} \int_0^1 f_2 \bar{g}_2 dx, \quad \forall f, g \in L^2(J),$$

其中，

$$f_1(x) = f(x)\big|_{[-1, 0)}, \ f_2(x) = f(x)\big|_{(0, 1]}, \ \rho > 0,$$

易知 $H_1 = (L^2(J), \langle \cdot, \cdot \rangle_1)$ 是 Hilbert 空间。

在空间 $H = H_1 \oplus \mathbb{C}^2$ 中定义内积

$$\langle F, G \rangle = \langle f, g \rangle_1 + \frac{1}{\rho\theta_1} h_1 \bar{k}_1 + \frac{1}{\rho\theta_2} h_2 \bar{k}_2,$$

$$\forall F = (f(x), h_1, h_2), \ G = (g(x), k_1, k_2) \in H,$$

其中，$f(x)$，$g(x) \in H_1$，h_i，$k_i \in \mathbb{C}$，$i = 1, 2$。

在 Hilbert 空间 H 中定义算子 A 如下：

$$AF = (lf, \gamma_1 f(1) - \gamma_2 f'''(1), \ -(\tau_1 f'(1) - \tau_2 f''(1))),$$

$$\forall F = (f, \ -(\gamma_1' f(1) - \gamma_2' f'''(1)), \ \tau_1' f'(1) - \tau_2' f''(1)) \in D(A),$$

$$D(A) = \{(f(x), h_1, h_2) \in H \big| f_1^{(i)} \in AC_{loc}([-1, 0)), f_2^{(i)} \in AC_{loc}((0, 1]),$$

$$i = 0, 1, 2, 3, \ lf \in H_1, \ l_j f = 0, \ j = 1, 2, 5, 6, 7, 8,$$

$$h_1 = -(\gamma_1' f(1) - \gamma_2' f'''(1)), \ h_2 = \tau_1' f'(1) - \tau_2' f''(1)\}。$$

注意到，$q(x) \in L^1(J, R)$，结合引理 4.3 可知，对于任意的 $(f(x), h_1, h_2) \in D(A)$，函数 f_1，f_1'，f_1''，f_1''' 在 $[-1, 0]$ 上是连续的，f_2，f_2'，f_2''，f_2'' 在 $[0, 1]$ 上是连续的。为简便，令

$$M(f) = \gamma_1 f(1) - \gamma_2 f'''(1), \ M'(f) = \gamma_1' f(1) - \gamma_2' f'''(1), \quad (4\text{-}10)$$

$$N(f) = \tau_1 f'(1) - \tau_2 f''(1), \ N'(f) = \tau_1' f'(1) - \tau_2' f''(1), \quad (4\text{-}11)$$

即

$$F = (f, \ -M'(f), \ N'(f)),$$

$$AF = (lf, \ M(f), \ -N(f)) = (\lambda f, \ -\lambda M'(f), \ \lambda N'(f)) = \lambda F_\circ$$

于是，可通过在 H 中考虑算子方程 $AF = \lambda F$ 来研究问题 (4-1) - (4-9)。

4.3 算子 A 的自共轭性

引理 4.1 边值问题 (4-1) - (4-9) 的特征值与 A 的特征值相同，特征函数是算子 A 的相应特征函数的第一个分量。

引理 4.2 算子 A 的定义域 $D(A)$ 在 H 中是稠密的。

证明 设 $F = (f(x), h_1, h_2) \in H$，且 $F \perp D(A)$，并且令 $\widetilde{C_0^\infty}$ 表示下列函数的集合

$$\phi(x) = \begin{cases} \varphi_1(x), & x \in [-1, 0); \\ \varphi_2(x), & x \in (0, 1]_\circ \end{cases},$$

其中，$\varphi_1(x) \in C_0^\infty[-1, 0)$，$\varphi_2(x) \in C_0^\infty(0, 1]$。于是，$\widetilde{C_0^\infty} \oplus 0 \oplus 0 \subset D(A)$，$(0 \in \mathbb{C})$。设 $U = (u(x), 0, 0) \in \widetilde{C_0^\infty} \oplus 0 \oplus 0$，则 $F \perp U$。由

$$\langle F, \ U \rangle = \langle f, \ u \rangle_1 + \frac{1}{\rho\theta_1}h_1\bar{k}_1 + \frac{1}{\rho\theta_2}h_2\bar{k}_2 = \langle f, \ u \rangle_1 = 0,$$

知 $f(x)$ 在 H_1 中正交于 $\widetilde{C_0^\infty}$，故 $f(x)$ 为零。设 $G = (g(x), k_1, 0) \in \widetilde{C_0^\infty} \oplus 0(\widetilde{C_0^\infty} \oplus 0 \subset \widetilde{C_0^\infty} \oplus 0 \oplus 0)$，则 $\langle F, \ G \rangle = \langle f, \ g \rangle_1 + \frac{1}{\rho\theta_1}h_1\bar{k}_1 = 0$，由于 $k_1 = M'(g)$ 是任意选取的，故 $h_1 = 0$。又设 $G = (g(x), 0, k_2) \in D(A)$，则 $\langle F, \ G \rangle = \langle f, \ g \rangle_1 + \frac{1}{\rho\theta_2}h_2\bar{k}_2 = 0$，由于 $k_2 = N'(g)$ 是任意选取的，故 $h_2 = 0$。于是 $F = (0, 0, 0)$，从而证得 $D(A)$ 在 H 中是稠密的。 □

定理 4.1 线性算子 A 是定义在 H 上的自共轭算子。

证明 对任意的 F, $G \in D(A)$，由分部积分法可得

$$\langle AF, G \rangle = \langle lf, g \rangle_1 + \frac{1}{\rho\theta_1}M(f)\overline{k}_1 + \frac{1}{\rho\theta_2}(-N(f))\overline{k}_2$$

$$= \langle lf, g \rangle_1 + \frac{1}{\rho\theta_1}M(f)M'(\overline{g}) - \frac{1}{\rho\theta_2}N(f)N'(\overline{g})$$

$$= \frac{1}{a_1^2}\int_{-1}^{0}(lf_1)\overline{g}_1 dx + \frac{1}{a_2^2\rho}\int_{1}^{0}(lf_2)\overline{g}_2 dx +$$

$$\frac{1}{\rho\theta_1}M(f)M'(\overline{g}) - \frac{1}{\rho\theta_2}N(f)N'(\overline{g})$$

$$= \langle F, AG \rangle + W(f, \overline{g}; 0-) - W(f, \overline{g}; -1) +$$

$$\frac{1}{\rho}W(f, \overline{g}; 1) - \frac{1}{\rho}W(f, \overline{g}; 0+) +$$

$$\frac{1}{\rho\theta_1}(M(f)M'(\overline{g}) - M'(f)M(\overline{g})) -$$

$$\frac{1}{\rho\theta_2}(N(f)N'(\overline{g}) - N'(f)N(\overline{g}))$$

其中，$W(f, g; x) = [f, g](x) = f(x)g'''(x) - f'(x)g''(x) + f''(x)g'(x) - f'''(x)g(x)$。

由 $l_1 f = 0$, $l_1\overline{g} = 0$, 且 $\alpha_1^2 + \alpha_2^2 \neq 0$ 可知
$$f(-1)\overline{g}'''(-1) - f'''(-1)\overline{g}(-1) = 0;$$

再由 $l_2 f = 0$, $l_2\overline{g} = 0$ 且 $\beta_1^2 + \beta_2^2 \neq 0$ 可知
$$f'(-1)\overline{g}''(-1) - f''(-1)\overline{g}'(-1) = 0,$$

因此，$W(f, \overline{g}; -1) = 0$。

由转移条件 $l_5 f = 0$, $l_6 f = 0$, $l_7 f = 0$, $l_8 f = 0$ 可知
$$W(f, \overline{g}; 0+) = f(0+)\overline{g}'''(0+) - f'(0+)\overline{g}''(0+) +$$
$$f''(0+)\overline{g}'(0+) - f'''(0+)\overline{g}(0+)$$

$$= (f(0+), f'(0+), f''(0+), f'''(0+))\begin{bmatrix} & & & 1 \\ & & -1 & \\ & 1 & & \\ -1 & & & \end{bmatrix}\begin{bmatrix} \overline{g}(0+) \\ \overline{g}'(0+) \\ \overline{g}''(0+) \\ \overline{g}'''(0+) \end{bmatrix}$$

$$
= \begin{bmatrix} f(0-) \\ f'(0-) \\ f''(0-) \\ f'''(0-) \end{bmatrix}^{T} \begin{bmatrix} \alpha_3 & 0 & 0 & \tau_3 \\ 0 & \beta_3 & \gamma_3 & 0 \\ 0 & \beta_4 & \gamma_4 & 0 \\ \alpha_4 & 0 & 0 & \tau_4 \end{bmatrix} \begin{bmatrix} & & & 1 \\ & & -1 & \\ & 1 & & \\ -1 & & & \end{bmatrix} \begin{bmatrix} \alpha_3 & 0 & 0 & \alpha_4 \\ 0 & \beta_3 & \beta_4 & 0 \\ 0 & \gamma_3 & \gamma_4 & 0 \\ \tau_3 & 0 & 0 & \tau_4 \end{bmatrix} \begin{bmatrix} \bar{g}(0-) \\ \bar{g}'(0-) \\ \bar{g}''(0-) \\ \bar{g}'''(0-) \end{bmatrix}
$$

$$
= (f(0-), f'(0-), f''(0-), f'''(0-)) \begin{bmatrix} & & & \rho \\ & & -\rho & \\ & \rho & & \\ -\rho & & & \end{bmatrix} \begin{bmatrix} \bar{g}(0-) \\ \bar{g}'(0-) \\ \bar{g}''(0-) \\ \bar{g}'''(0-) \end{bmatrix}
$$

$= \rho W(f, \bar{g}; 0-)$。

由式（4-10）可知

$$
\frac{1}{\rho\theta_1}(M(f)M'(\bar{g}) - M'(f)M(\bar{g}) = \frac{1}{\rho}(f(1)\bar{g}'''(1) - f'''(1)\bar{g}(1)),
$$

$$(4-12)$$

由式（4-11）可知

$$
\frac{1}{\rho\theta_2}(N(f)N'(\bar{g}) - N'(f)N(\bar{g})) = \frac{1}{\rho}(f'(1)\bar{g}''(1) - f''(1)\bar{g}'(1)),
$$

$$(4-13)$$

则由式（4-12）、式（4-13）得

$$
\frac{1}{\rho}W(f, \bar{g}; 1) = \frac{1}{\rho\theta_1}(M(f)M'(\bar{g}) - M'(f)M(\bar{g})) -
$$
$$
\frac{1}{\rho\theta_2}(N(f)N'(\bar{g}) + N'(f)N(\bar{g})),
$$

因此，$\langle AF, G \rangle = \langle F, AG \rangle$，故算子 A 是对称的。

下面只需证明：若对任何 $F = (f(x), -M'(f), N'(f)) \in D(A)$，有 $\langle AF, W \rangle = \langle F, U \rangle$ 成立，则 $W \in D(A)$ 且 $AW = U$。其中，$W = (w(x), m_1, m_2)$，$U = (u(x), n_1, n_2)$，即

(1) $w_1^{(i)} \in AC_{loc}([-1,0))$，$w_2^{(i)} \in AC_{loc}((0,1])$，$i = 0, 1, 2, 3$，$lw \in H_1$；

(2) $m_1 = -M'(w) = -(\gamma_1'w(1) - \gamma_2'w'''(1))$，

$\quad m_2 = N'(w) = \tau_1'w'(1) - \tau_2'w''(1)$；

(3) $l_i w = 0$，$i = 1, 2, 5, 6, 7, 8$；

(4) $u(x) = lw$;

(5) $n_1 = M(w) = \gamma_1 w(1) - \gamma_2 w'''(1)$,

$\quad n_2 = -N(w) = -(\tau_1 w'(1) - \tau_2 w''(1))$。

对任意的 $F \in \widetilde{C_0^\infty} \oplus 0 \oplus 0 \subset D(A)$，由 $\langle AF, W \rangle = \langle F, U \rangle$，得

$$\frac{1}{a_1^2} \int_{-1}^0 (lf)\overline{w}dx + \frac{1}{a_2^2 \rho} \int_0^1 (lf)\overline{w}dx = \frac{1}{a_1^2} \int_{-1}^0 f\overline{u}dx + \frac{1}{a_2^2 \rho} \int_0^1 f\overline{u}dx,$$

即

$$\langle lf, w \rangle_1 = \langle f, u \rangle_1, \tag{4-14}$$

由标准的 Sturm-Liouville 理论可知 $w(x) \in D(A)$，故（1）成立。

因为算子 A 是对称的，所以有 $\langle AF, W \rangle = \langle F, AW \rangle$，再由上述 F 的取法可得 $\langle lf, w \rangle_1 = \langle f, lw \rangle_1$，因此结合式（4-14）可得 $\langle f, lw \rangle_1 = \langle f, u \rangle_1$，即（4）成立。

再由（4）可知，对任意的 $F \in D(A)$，方程 $\langle AF, W \rangle = \langle F, U \rangle$ 即为

$$\frac{1}{a_1^2} \int_{-1}^0 (lf)\overline{w}dx + \frac{1}{a_2^2 \rho} \int_0^1 (lf)\overline{w}dx - \frac{1}{\rho\theta_1}M(f)\overline{m}_1 - \frac{1}{\rho\theta_2}N(f)\overline{m}_2$$

$$= \frac{1}{a_1^2} \int_{-1}^0 f\overline{u}dx + \frac{1}{a_2^2 \rho} \int_0^1 f\overline{u}dx + \frac{1}{\rho\theta_1}M'(f)\overline{n}_1 + \frac{1}{\rho\theta_2}N'(f)\overline{n}_2$$

$$= \frac{1}{a_1^2} \int_{-1}^0 f(l\overline{w})dx + \frac{1}{a_2^2 \rho} \int_0^1 f(l\overline{w})dx + \frac{1}{\rho\theta_1}M'(f)\overline{n}_1 - \frac{1}{\rho\theta_2}N'(f)\overline{n}_2,$$

于是

$$\langle lf, w \rangle_1 = \langle f, lw \rangle_1 + \frac{1}{\rho\theta_1}M(f)\overline{m}_1 + \frac{1}{\rho\theta_2}N(f)\overline{m}_2 + \frac{1}{\rho\theta_1}M'(f)\overline{n}_1 + \frac{1}{\rho\theta_2}N'(f)\overline{n}_2,$$

而

$$\langle lf, w \rangle_1 = \frac{1}{a_1^2} \int_{-1}^0 (-a_1^2 f^{(4)} + q(x)f)\overline{w}dx +$$

$$\frac{1}{a_2^2 \rho} \int_0^1 (-a_2^2 f^{(4)} + q(x)f)\overline{w}dx$$

$$= \frac{1}{a_1^2} \int_{-1}^0 f(l\overline{w})dx + \frac{1}{a_2^2 \rho} \int_0^1 f(l\overline{w})dx + W(f, \overline{w}; 0-) -$$

$$W(f,\ \overline{w};\ -1) + \frac{1}{\rho}W(f,\ \overline{w};\ 1) - \frac{1}{\rho}W(f,\ \overline{w};\ 0+)$$

$$= \langle f,\ lw \rangle_1 + W(f,\ \overline{w};\ 0-) - W(f,\ \overline{w};\ -1) +$$

$$\frac{1}{\rho}W(f,\ \overline{w};\ 1) - \frac{1}{\rho}W(f,\ \overline{w};\ 0+),$$

因此

$$\frac{1}{\rho\theta_1}(M'(f)\overline{n}_1 + M(f)\overline{m}_1) + \frac{1}{\rho\theta_2}(N(f)\overline{m}_2 + N'(f)\overline{n}_2)$$

$$= W(f,\ \overline{w};\ 0-) - W(f,\ \overline{w};\ -1) + \frac{1}{\rho}W(f,\ \overline{w};\ 1) - \frac{1}{\rho}W(f,\ \overline{w};\ 0+)$$

$$= (f(0-)\overline{w}'''(0-) - f'(0-)\overline{w}''(0-) + f''(0-)\overline{w}'(0-) -$$

$$f'''(0-)\overline{w}(0-)) - (f(-1)\overline{w}'''(-1) - f'(-1)\overline{w}''(-1) +$$

$$f''(-1)\overline{w}'(-1) - f'''(-1)\overline{w}(-1)) +$$

$$\frac{1}{\rho}(f(1)\overline{w}'''(1) - f'(1)\overline{w}''(1) + f''(1)\overline{w}'(1) - f'''(1)\overline{w}(1)) -$$

$$\frac{1}{\rho}(f(0+)\overline{w}'''(0+) - f'(0+)\overline{w}''(0+) + f''(0+)\overline{w}'(0+) -$$

$$f'''(0+)\overline{w}(0+))。 \tag{4-15}$$

根据引理 4.2，存在函数 $F \in D(A)$，使得

$$f^{(k)}(-1) = f^{(k)}(0-) = f^{(k)}(0+) = 0,\ k = 0,\ 1,\ 2,\ 3,$$

$$f(1) = \gamma_2',\ f'(1) = 0,\ f''(1) = 0,\ f'''(1) = \gamma_1',$$

此时，$M'(f) = N'(f) = N(f) = 0$，$M(f) = \theta_1$，于是，由式（4-15）可知

$$\frac{1}{\rho\theta_1}M(f)\overline{m}_1 = \frac{1}{\rho}(\gamma_2'\overline{w}'''(1) - \gamma_1'\overline{w}(1)),$$

因此，$m_1 = -(\gamma_1'w(1) - \gamma_2'w'''(1))$。

同理可证 $m_2 = \tau_1'w'(1) - \tau_2'w''(1)$。事实上，存在函数 $F \in D(A)$，使得

$$f^{(k)}(-1) = f^{(k)}(0-) = f^{(k)}(0+) = 0,\ k = 0,\ 1,\ 2,\ 3,$$

$$f(1) = 0,\ f'(1) = \tau_2',\ f''(1) = \tau_1',\ f'''(1) = 0,$$

此时，$M'(f) = N'(f) = M(f) = 0$，$N(f) = \theta_2$，于是，由式（4-15）可知

$$\frac{1}{\rho\theta_2}N(f)\overline{m}_2 = \frac{1}{\rho}(-\tau_2'\overline{w}''(1) + \tau_1'\overline{w}'(1)),$$

因此，$m_2 = \tau_1' w'(1) - \tau_2' w''(1)$。则（2）成立。

下面证明（3）成立。选取函数 $F \in D(A)$，使得
$$f^{(k)}(0+) = f^{(k)}(1) = f^{(k)}(0-) = 0, \ k = 0, \ 1, \ 2, \ 3,$$
$$f(-1) = \alpha_2, \ f'(-1) = f''(1) = 0, \ f'''(-1) = -\alpha_1,$$
则 $N(f) = N'(f) = M(f) = M'(f) = 0$，于是，由（4-15）式可知
$$l_1 w = \alpha_1 w(-1) + \alpha_2 w'''(-1) = 0。$$

设函数 $F \in D(A)$，使得
$$f^{(k)}(0+) = f^{(k)}(1) = f^{(k)}(0-) = 0, \ k = 0, \ 1, \ 2, \ 3,$$
$$f(-1) = 0, \ f'(-1) = -\beta_2, \ f''(-1) = \beta_1, \ f'''(-1) = 0,$$
则 $N(f) = N'(f) = M(f) = M'(f) = 0$，于是，由式（4-15）可知
$$l_2 w = \beta_1 w'(-1) + \beta_2 w''(-1) = 0。$$

设函数 $F \in D(A)$，使得
$$f^{(k)}(1) = f^{(k)}(-1) = 0, \ k = 0, \ 1, \ 2, \ 3,$$
$$f(0-) = \alpha_4, \ f'(0-) = f''(0-) = 0, \ f'''(0-) = -\alpha_3, \ f'''(0+) = -\rho,$$
$$f(0+) = f'(0+) = f''(0+) = 0,$$
则 $N(f) = N'(f) = M(f) = M'(f) = 0$，于是，由式（4-15）可知
$$l_5 w = w(0+) - \alpha_3 w(0-) - \alpha_4 w'''(0-) = 0。$$

设函数 $F \in D(A)$，使得
$$f^{(k)}(1) = f^{(k)}(-1) = 0, \ k = 0, \ 1, \ 2, \ 3,$$
$$f(0+) = f'(0+) = f'''(0+) = 0,$$
$$f''(0+) = \rho, \ f(0-) = 0, \ f'(0-) = -\beta_4, \ f''(0-) = \beta_3, \ f'''(0-) = 0,$$
则 $N(f) = N'(f) = M(f) = M'(f) = 0$，于是，由式（4-15）可知
$$l_6 w = w'(0+) - \beta_3 w'(0-) - \beta_4 w''(0-) = 0。$$

设函数 $F \in D(A)$，使得
$$f^{(k)}(1) = f^{(k)}(-1) = 0, \ k = 0, \ 1, \ 2, \ 3,$$
$$f(0+) = f''(0+) = f'''(0+) = 0, \ f'(0+) = -\rho,$$
$$f(0-) = 0, \ f'(0-) = -\gamma_4, \ f''(0-) = \gamma_3, \ f'''(0-) = 0,$$
则 $N(f) = N'(f) = M(f) = M'(f) = 0$，于是，由式（4-15）可知
$$l_7 w = w''(0+) - \gamma_3 w'(0-) - \gamma_4 w''(0-) = 0。$$

设函数 $F \in D(A)$，使得

$$f^{(k)}(1) = f^{(k)}(-1) = 0, \quad k = 0, 1, 2, 3,$$

$$f'(0+) = f''(0+) = f'''(0+) = 0, \quad f(0+) = \rho,$$

$$f(0-) = \tau_4, \quad f'(0-) = f''(0-) = 0, \quad f'''(0-) = -\tau_3,$$

则 $N(f) = N'(f) = M(f) = M'(f) = 0$，于是，由式（4-15）可知

$$l_8 w = w'''(0+) - \tau_3 w(0-) - \tau_4 w'''(0-) = 0。$$

综上所述，线性算子 A 在 H 中是自共轭的。

□

推论 4.1 边值问题（4-1）-（4-9）的特征值是实的，并且若 λ_1 和 λ_2 是它的两个不同特征值，则相应的特征函数 $f(x)$ 与 $g(x)$ 在下述意义下是正交的：

$$\frac{1}{a_1^2}\int_{-1}^{0} f\bar{g}dx + \frac{1}{a_2^2\rho}\int_{0}^{1} f\bar{g}dx + \frac{1}{\rho\theta_1}(\gamma_1'f(1) - \gamma_2'f'''(1))(\gamma_1'\bar{g}(1) -$$

$$\gamma_2'\bar{g}'''(1)) + \frac{1}{\rho\theta_2}(\tau_1'f'(1) - \tau_2'f''(1))(\tau_1'\bar{g}'(1) - \tau_2'\bar{g}''(1)) = 0。$$

第❺章
具有转移条件及四个边界条件带特征
参数的四阶微分算子

  第 4 章中，研究的是两个边界条件带特征参数的四阶微分算子的自共轭性，但所给的边界条件，带特征参数的边界条件，以及转移条件的系数中有些系数是零，且对转移条件中系数构造的行列式也有要求，这样的条件比较特殊，本章将进一步研究四个边界条件都带特征参数的四阶微分算子。当四个边界条件都带特征参数，且给的边界条件更一般化时，利用边界条件的系数构造出矩阵 A、B，得到这样的算子在满足条件 $C^T Q_1 C = \rho Q_1$，$\theta_2 A^T Q_2 A = \theta_1 B^T Q_2 B = \theta_1 \theta_2 Q_1$，$\theta_2 A Q_1 A^T = \theta_1 B Q_1 B^T = \theta_1 \theta_2 Q_2$ 时才是自共轭的。进一步通过构造微分方程的基本解，得到确定问题特征值的充分必要条件，以及算子 A 仅有点谱。

  本章的结构如下：5.1 节介绍所考虑的问题，在适当的 Hilbert 空间 H 中构造算子 A，以及相关公式；5.2 节得到算子 A 为自共轭的充分必要条件；5.3 节构造方程的基本解，证明了 λ 为问题的特征值当且仅当 $\det(A_\lambda + B_\lambda \Phi(1, \lambda)) = 0$；5.4 节证明了算子 A 仅有点谱。

5.1 预备知识

  本章，考虑一类不连续的四阶 S-L 问题，设

$$lu := -(p(x)u'')'' + q(x)u = \lambda u, \quad J = [-1, 0) \cup (0, 1]。 \quad (5-1)$$

其中，当 $x \in [-1, 0)$ 时，$p(x) = p_1^2$，当 $x \in (0, 1]$ 时，$p(x) = p_2^2$，p_1，

p_2 是非零实数；$q(x) \in L^1(J, R)$，$\lambda \in \mathbb{C}$ 是特征参数；
带特征参数的边界条件

$$l_1 u := \lambda(\alpha'_1 u(-1) + \alpha'_2 u'(-1) + \alpha'_3 u''(-1) + \alpha'_4 u'''(-1)) -$$
$$(\alpha_1 u(-1) + \alpha_2 u'(-1) + a_3 u''(-1) + \alpha_4 u'''(-1)) = 0, \quad (5-2)$$

$$l_2 u := \lambda(\beta'_1 u(-1) + \beta'_2 u'(-1) + \beta'_3 u''(-1) + \beta'_4 u'''(-1)) -$$
$$(\beta_1 u(-1) + \beta_2 u'(-1) + \beta'_3 u''(-1) + \beta_4 u'''(-1)) = 0, \quad (5-3)$$

$$l_3 u := \lambda(\gamma'_1 u(1) + \gamma'_2 u'(1) + \gamma'_3 u''(1) + \gamma'_4 u'''(1)) +$$
$$\gamma_1 u(1) + \gamma_2 u'(1) + \gamma_3 u''(1) + \gamma_4 u'''(1) = 0, \quad (5-4)$$

$$l_4 u := \lambda(\delta'_1 u(1) + \delta'_2 u'(1) + \delta'_3 u''(1) + \delta'_4 u'''(1)) +$$
$$\delta_1 u(1) + \delta_2 u'(1) + \delta_3 u''(1) + \delta_4 u'''(1) = 0, \quad (5-5)$$

及转移条件

$$C_u(0+) = C \cdot C_u(0-), \quad (5-6)$$

其中 α_i，β_i，γ_i，δ_i，α'_i，β'_i，γ'_i，$\delta'_i (i = 1, 2, 3, 4)$ 都是实数，$C = (c_{ij})$ 是 4×4 实矩阵，

$$C_u(x) = (u(x), u'(x), u''(x), u'''(x))^T。$$

为了方便，设

$$A = \begin{pmatrix} \alpha_1 & \alpha_2 & \alpha_3 & \alpha_4 \\ \alpha'_1 & \alpha'_2 & \alpha'_3 & \alpha'_4 \\ \beta_1 & \beta_2 & \beta_3 & \beta_4 \\ \beta'_1 & \beta'_2 & \beta'_3 & \beta'_4 \end{pmatrix}, \quad B = \begin{pmatrix} \gamma_1 & \gamma_2 & \gamma_3 & \gamma_4 \\ \gamma'_1 & \gamma'_2 & \gamma'_3 & \gamma'_4 \\ \delta_1 & \delta_2 & \delta_3 & \delta_4 \\ \delta'_1 & \delta'_2 & \delta'_3 & \delta'_4 \end{pmatrix}。 \quad (5-7)$$

且

$$\det A = \theta_1^2, \ \det B = \theta_2^2, \ \det C = \rho^2, \ \theta_1, \ \theta_2, \ \rho > 0。 \quad (5-8)$$

为了研究问题，在 $L^2(J)$ 中定义一个新的内积

$$\langle f, g \rangle_1 = \frac{1}{p_1^2} \int_{-1}^0 f_1(x) \overline{g_1(x)} \, dx + \frac{1}{p_2^2 \rho} \int_0^1 f_2(x) \overline{g_2(x)} \, dx, \ \forall f, \ g \in L^2(J),$$

其中，

$$f_1(x) = f(x)|_{[-1, 0)}, \ f_2(x) = f(x)|_{(0, 1]},$$
$$g_1(x) = g(x)|_{[-1, 0)}, \ g_2(x) = g(x)|_{(0, 1]}。$$

易证 $H_1 = (L^2(J), \langle \cdot, \ \cdot \rangle_1)$ 是 Hilbert 空间。

5.2　算子 A 自共轭的条件

这一部分，在 Hilbert 空间 $H = H_1 \oplus \mathbb{C}^4$ 中介绍一个特殊的内积，其中 $H_1 = (L^2(J), \langle \cdot, \cdot \rangle_1)$，$\mathbb{C}$ 为复数集。定义在这个 Hilbert 空间中的线性算子 A 使得对问题（5-1）–（5-6）的研究转化成对这个算子特征值的研究，进而得到算子 A 自共轭的条件。

在 H 中定义内积

$$\langle F, G \rangle = \langle f, g \rangle_1 + \frac{1}{\theta_1}(h_1 \bar{k}_1 + h_2 \bar{k}_2) + \frac{1}{\rho \theta_2}(h_3 \bar{k}_3 + h_4 \bar{k}_4),$$

$$\forall f, g \in H_1, \ h_i, k_i \in \mathbb{C}, \ i = 1, 2, 3, 4, \tag{5-9}$$

其中，

$$F = (f, h_1, h_2, h_3, h_4), \ G = (g, k_1, k_2, k_3, k_4) \in H_{\circ}$$

在 Hilbert 空间 H 中，考虑如下定义的算子 A，

$$D(A) = \{(f, h_1, h_2, h_3, h_4) \in H \mid$$

$$f_1^{(i-1)} \in AC_{loc}((-1, 0)), \ f_2^{(i-1)} \in AC_{loc}((0, 1)),$$

$$i = 1, 2, 3, 4, \ lf \in H_1, \ C_f(0+) = C \cdot C_f(0-),$$

$$h_1 = M_1'(f), \ h_2 = M_2'(f), \ h_3 = N_1'(f), \ h_4 = N_2'(f)\},$$

$$\tag{5-10}$$

$$AF = (lf, \ M_1(f), \ M_2(f), \ -N_1(f), \ -N_2(f)),$$

$$F = (f, \ M_1'(f), \ M_2'(f), \ N_1'(f), \ N_2'(f)) \in D(A),$$

其中，

$$M_1(f) = \alpha_1 f(-1) + \alpha_2 f'(-1) + \alpha_3 f''(-1) + \alpha_4 f'''(-1),$$

$$M_1'(f) = \alpha_1' f(-1) + \alpha_2' f'(-1) + \alpha_3' f''(-1) + \alpha_4' f'''(-1),$$

$$M_2(f) = \beta_1 f(-1) + \beta_2 f'(-1) + \beta_3 f''(-1) + \beta_4 f'''(-1),$$

$$M_2'(f) = \beta_1' f(-1) + \beta_2' f'(-1) + \beta_3' f''(-1) + \beta_4' f'''(-1),$$

$$N_1(f) = \gamma_1 f(1) + \gamma_2 f'(1) + \gamma_3 f''(1) + \gamma_4 f'''(1),$$

$$N_1'(f) = \gamma_1' f(1) + \gamma_2' f'(1) + \gamma_3' f''(1) + \gamma_4' f'''(1),$$

$$N_2(f) = \delta_1 f(1) + \delta_2 f'(1) + \delta_3 f''(1) + \delta_4 f'''(1),$$

$$N_2'(f) = \delta_1' f(1) + \delta_2' f'(1) + \delta_3' f''(1) + \delta_4' f'''(1),$$

由 (5-1) - (5-5) 可得 $AF = \lambda F$。

通过在 H 中考虑算子方程 $AF = \lambda F$ 来研究边值问题 (5-1) - (5-6)。

引理 5.1 问题 (5-1) - (5-6) 的特征值与算子 A 的特征值一致，且特征函数是算子 A 的相应特征函数的第一个分量。

引理 5.2 算子 A 的定义域 $D(A)$ 在 H 中是稠密的。

证明 假设存在元素 $F = (f, h_1, h_2, h_3, h_4) \in H$，与所有的 $U = (u, M_1'(u), M_2'(u), N_1'(u), N_2'(u)) \in D(A)$ 是正交的，即

$$\langle F, U \rangle = \frac{1}{p_1^2} \int_{-1}^{0} f_1(x) \overline{u_1(x)} dx + \frac{1}{p_2^2 \rho} \int_0^1 f_2(x) \overline{u_2(x)} dx +$$

$$\frac{1}{\theta_1}(h_1 M_1'(\overline{u}) + h_2 M_2'(\overline{u})) + \frac{1}{\rho \theta_2}(h_3 N_1'(\overline{u}) + h_4 N_2'(\overline{u}))。 \quad (5\text{-}11)$$

设 $\widetilde{C_0^\infty}$ 是定义在区间 $[-1, 0) \cup (0, 1]$ 上的所有函数构成的集合，且使得

$$\phi(x) = \begin{cases} \varphi_1(x), & x \in [-1, 0); \\ \varphi_2(x), & x \in (0, 1]。 \end{cases},$$

其中，$\varphi_1(x) \in C_0^\infty[-1, 0)$，$\varphi_2(x) \in C_0^\infty(0, 1]$。由已知的结论可知 $C_0^\infty(a, b)$ 在 $L^2(a, b)$ 中是稠密的，集合 $\widetilde{C_0^\infty}$ 在空间 H_1 中是稠密的。由于 $\widetilde{C_0^\infty} \oplus 0^4 \subset D(A)(0 \in \mathbb{C})$ 且 $U = (u(x), 0, 0, 0, 0) \in \widetilde{C_0^\infty} \oplus 0^4$ 正交于 F，即

$$\langle F, U \rangle = \frac{1}{p_1^2} \int_{-1}^{0} f_1(x) \overline{u_1(x)} dx + \frac{1}{p_2^2 \rho} \int_0^1 f_2(x) \overline{u_2(x)} dx = \langle f, u \rangle_1 = 0,$$

$$(5\text{-}12)$$

所以，式 (5-12) 意味着 $f(x)$ 正交于子空间 $\widetilde{C_0^\infty}$，而子空间 $\widetilde{C_0^\infty}$ 在 H_1 中是稠密的，因此 $f(x)$ 是 H_1 中的平凡元，在式 (5-11) 中令 $f(x) = 0$，可得

$$\frac{1}{\theta_1}(h_1 M_1'(\overline{u}) + h_2 M_2'(\overline{u})) + \frac{1}{\rho \theta_2}(h_3 N_1'(\overline{u}) + h_4 N_2'(\overline{u})) = 0,$$

对任意的 $u \in H_1$，使得 $U \in D(A)$。因此对任意的 $G_1 = (g(x), M_1'(g),$
$0, 0, 0) \in D(A)$，$\langle F, G_1 \rangle = \langle f, g \rangle_1 + \dfrac{1}{\theta_1} h_1 M_1'(\overline{g})$，由于 $M_1'(g)$ 是任意

选取的，因此 $h_1 = 0$。类似的，可以证明 $h_2 = h_3 = h_4 = 0$。所以 $F = (0,$
$0, 0, 0, 0)$ 是空间 H 中的平凡元。所以，与 $D(A)$ 正交的只有零元素，因
此 $D(A)$ 在 Hilbert 空间 H 中是稠密的。

□

设

$$Q_1 = \begin{pmatrix} & & & 1 \\ & & -1 & \\ & 1 & & \\ -1 & & & \end{pmatrix}, \quad Q_2 = \begin{pmatrix} 0 & 1 & 0 & 0 \\ -1 & 0 & 0 & 0 \\ 0 & 0 & 0 & 1 \\ 0 & 0 & -1 & 0 \end{pmatrix}。$$

引理 5.3 设任意的 $F, G \in D(A)$，则下面的结论成立：

(1) 当且仅当 $C^T Q_1 C = \rho Q_1$ 时 $W(f, \overline{g}; 0+) = \rho W(f, \overline{g}; 0-)$；

(2) 当且仅当 $A^T Q_2 A = \theta_1 Q_1$ 时，

$$\frac{1}{\theta_1} (M_1'(f) M_1(\overline{g}) - M_1(f) M_1'(\overline{g}) + M_2'(f) M_2(\overline{g}) - M_2(f) M_2'(\overline{g}))$$

$$= - W(f, \overline{g}; -1)；\tag{5-13}$$

(3) 当且仅当 $B^T Q_2 B = \theta_2 Q_1$ 时，

$$\frac{1}{\rho \theta_2} (N_1'(f) N_1(\overline{g}) - N_1(f) N_1(\overline{g}) + N_2'(f) N_2(\overline{g}) - N_2(f) N_2'(\overline{g}))$$

$$= - \frac{1}{\rho} W(f, \overline{g}; 1)。\tag{5-14}$$

其中，

$$\begin{aligned} W(f, g; x) &= f(x) g'''(x) - f'(x) g''(x) + f''(x) g'(x) - f'''(x) g(x) \\ &= C_f^T(x) Q_1 C_g(x)。\end{aligned}$$

证明 （1）由转移条件 (5-6)，可得

$$\begin{aligned} W(f, \overline{g}; 0+) &= C_f^T(0+) Q_1 C_{\overline{g}}(0+) \\ &= C_f^T(0-) C^T Q_1 C C_{\overline{g}}(0-)，\end{aligned}$$

若 $C^T Q_1 C = \rho Q_1$，则

· 49 ·

$$W(f,\ \bar{g};\ 0+) = \rho C_f^T(0-)Q_1 C_{\bar{g}}^-(0-) = \rho W(f,\ \bar{g};\ 0-)。$$

相反地，若 $W(f,\ \bar{g};\ 0+) = \rho W(f,\ \bar{g};\ 0-)$，由转移条件（5-6），可得
$$C_f^T(0+)Q_1 C_{\bar{g}}^-(0+) = C_f^T(0-)C^T Q_1 CC_{\bar{g}}^-(0-)$$
$$= \rho C_f^T(0-)Q_1 C_{\bar{g}}^-(0-),$$

由于 $C_f^T(0-)$ 与 $C_{\bar{g}}^-(0-)$ 是任意的，则 $C^T Q_1 C = \rho Q_1$。

（2）由于 f 与 g 满足带特征参数的边界条件（5-2）和（5-3），因此
$$\frac{1}{\theta_1}(-M_1'(f)M_1(\bar{g}) + M_1(f)M_1'(\bar{g}) - M_2'(f)M_2(\bar{g}) + M_2(f)M_2'(\bar{g}))$$

$$= \frac{1}{\theta_1}(-(\alpha_1',\ \alpha_2',\ \alpha_3',\ \alpha_4')C_f(-1)(\alpha_1,\ \alpha_2,\ \alpha_3,\ \alpha_4)C_{\bar{g}}^-(-1) +$$
$$(\alpha_1,\ \alpha_2,\ \alpha_3,\ \alpha_4)C_f(-1)(\alpha_1',\ \alpha_2',\ \alpha_3',\ \alpha_4')C_{\bar{g}}^-(-1) -$$
$$(\beta_1',\ \beta_2',\ \beta_3',\ \beta_4')C_f(-1)(\beta_1,\ \beta_2,\ \beta_3,\ \beta_4)C_{\bar{g}}^-(-1) +$$
$$(\beta_1,\ \beta_2,\ \beta_3,\ \beta_4)C_f(-1)(\beta_1',\ \beta_2',\ \beta_3',\ \beta_4')C_{\bar{g}}^-(-1))$$

$$= \frac{1}{\theta_1}(-C_f^T(-1)\begin{pmatrix}\alpha_1'\\\alpha_2'\\\alpha_3'\\\alpha_4'\end{pmatrix}(\alpha_1,\ \alpha_2,\ \alpha_3,\ \alpha_4)C_{\bar{g}}^-(-1) +$$

$$C_f^T(-1)\begin{pmatrix}\alpha_1\\\alpha_2\\\alpha_3\\\alpha_4\end{pmatrix}(\alpha_1',\ \alpha_2',\ \alpha_3',\ \alpha_4')C_{\bar{g}}^-(-1)$$

$$-C_f^T(-1)\begin{pmatrix}\beta_1'\\\beta_2'\\\beta_3'\\\beta_4'\end{pmatrix}(\beta_1,\ \beta_2,\ \beta_3,\ \beta_4)C_{\bar{g}}^-(-1) +$$

$$C_f^T(-1)\begin{pmatrix}\beta_1\\\beta_2\\\beta_3\\\beta_4\end{pmatrix}(\beta_1',\ \beta_2',\ \beta_3',\ \beta_4')C_{\bar{g}}^-(-1))$$

$$= \frac{1}{\theta_1} C_f^T(-1) \begin{pmatrix} -\alpha_1' & \alpha_1 & -\beta_1' & \beta_1 \\ -\alpha_2' & \alpha_2 & -\beta_2' & \beta_2 \\ -\alpha_3' & \alpha_3 & -\beta_3' & \beta_3 \\ -\alpha_4' & \alpha_4 & -\beta_4' & \beta_4 \end{pmatrix} \begin{pmatrix} \alpha_1 & \alpha_2 & \alpha_3 & \alpha_4 \\ \alpha_1' & \alpha_2' & \alpha_3' & \alpha_4' \\ \beta_1 & \beta_2 & \beta_3 & \beta_4 \\ \beta_1' & \beta_2' & \beta_3' & \beta_4' \end{pmatrix} C_g^-(-1)$$

$$= \frac{1}{\theta_1} C_f^T(-1) A^T Q_2 A C_g^-(-1),$$

若 $A^T Q_2 A = \theta_1 Q_1$，则

$$\frac{1}{\theta_1} (-M_1'(f) M_1(\bar{g}) + M_1(f) M_1'(\bar{g}) - M_2'(f) M_2(\bar{g}) + M_2(f) M_2'(\bar{g}))$$

$$= \frac{1}{\theta_1} C_f^T(-1) \theta_1 \theta_1 C_g^-(-1) = W(f, \bar{g}; -1)_\circ$$

相反地，若式（5-13）成立，即

$$\frac{1}{\theta_1} C_f^T(-1) A^T Q_2 A C_g^-(-1) = C_f^T(-1) Q_1 C_g^-(-1),$$

由于 $C_f^T(0-)$ 与 $C_g^-(0-)$ 是任意选取的，则 $A^T Q_2 A = \theta_1 Q_1$。

（3）由于 f 与 g 满足带特征参数的边界条件（5-4）和（5-5），所以

$$\frac{1}{\rho\theta_2} (N_1'(f) N_1(\bar{g}) - N_1(f) N_1'(\bar{g}) + N_2'(f) N_2(\bar{g}) - N_2(f) N_2'(\bar{g}))$$

$$= \frac{1}{\rho\theta_2} C_f^T(-1) \begin{pmatrix} \gamma_1' & -\gamma_1 & \delta_1' & -\delta_1 \\ \gamma_2' & -\gamma_2 & \delta_2' & -\delta_2 \\ \gamma_3' & -\gamma_3 & \delta_3' & -\delta_3 \\ \gamma_4' & -\gamma_4 & \delta_4' & -\delta_4 \end{pmatrix} \begin{pmatrix} \gamma_1 & \gamma_2 & \gamma_3 & \gamma_4 \\ \gamma' & \gamma_2' & \gamma_3' & \gamma_4' \\ \delta_1 & \delta_1 & \delta_3 & \delta_4 \\ \delta_1' & \delta_2' & \delta_3' & \delta_4' \end{pmatrix} C_g^-(1)$$

$$= -\frac{1}{\rho\theta_2} C_f^T(1) B^T Q_2 B C_g^-(1),$$

若 $B^T Q_2 B = \theta_2 Q_1$，则

$$\frac{1}{\rho\theta_2} (N_1'(f) N_1(\bar{g}) - N_1(f) N_1'(\bar{g}) + N_2'(f) N_2(\bar{g}) - N_2(f) N_2'(\bar{g}))$$

$$= -\frac{1}{\rho\theta_2} C_f^T(1) \theta_2 Q_1 C_g^-(1) = -\frac{1}{\rho} W(f, \bar{g}; 1)_\circ$$

相反地，若式（5-14）成立，即

$$-\frac{1}{\rho\theta_2}C_f^T(1)B^TQ_2BC_{\bar{g}}(1)=-\frac{1}{\rho}C_f^T(1)Q_1C_{\bar{g}}(1),$$

由于 $C_f^T(0-)$ 与 $C_{\bar{g}}(0-)$ 是任意选取的，则 $B^TQ_2B=\theta_2Q_1$。

□

定理 5.1 算子 A 是自共轭的当且仅当下面的条件成立：

(1) $C^TQ_1C=\rho Q_1$；

(2) $\theta_2A^TQ_2A=\theta_1B^TQ_2B=\theta_1\theta_2Q_1$；

(3) $\theta_2AQ_1A^T=\theta_1BQ_1B^T=\theta_1\theta_2Q_2$。

证明 对任意的 F，$G\in D(A)$，由分部积分法可得

$$\langle AF,\,G\rangle=\langle F,\,AG\rangle+W(f,\,\bar{g};\,0-)-W(f,\,\bar{g};\,-1)+\frac{1}{\rho}W(f,\,\bar{g};\,1)-$$

$$\frac{1}{\rho}W(f,\,\bar{g};\,0+)+\frac{1}{\theta_1}(-M_1'(f)M_1(\bar{g})+M_1(f)M_1'(\bar{g})-M_2'(f)M_2(\bar{g})+$$

$$M_2(f)M_2'(\bar{g}))+\frac{1}{\rho\theta_2}(N_1'(f)N_1(\bar{g})-N_1(f)N_1'(\bar{g})+N_2'(f)N_2(\bar{g})-N_2(f)N_2'(\bar{g})),$$

$$(5\text{--}15)$$

另外，由引理 5.3 可得

$$\langle AF,\,G\rangle=\langle F,\,AG\rangle(F,\,G\in D(A)),$$

因此 A 是对称的。

下面需要证明：若对任意的 $F=(f(x),\,M_1'(f),\,M_2'(f),\,N_1'(f),\,N_2'(f))\in D(A)$，有 $\langle AF,\,W\rangle=\langle F,\,U\rangle$ 成立，则 $W\in D(A)$，且 $AW=U$。其中，

$W=(w(x),\,h_1,\,h_2,\,h_3,\,h_4)$，$U=(u(x),\,k_1,\,k_2,\,k_3,\,k_4)$，即

(i) $w_1^{(i-1)}\in AC_{loc}((-1,\,0))$，$w_2^{(i-1)}\in AC_{loc}((0,\,1))$，$i=1,2,3,4$ 且 $lw\in H_1$；

(ii) $h_1=M_1'(w)=\alpha_1'w(-1)+\alpha_2'w'(-1)+\alpha_3'w''(-1)+\alpha_4'w'''(-1)$；

$\quad h_2=M_2'(w)=\beta_1'w(-1)+\beta_2'w'(-1)+\beta_3'w''(-1)+\beta_4'w'''(-1)$；

$\quad h_3=N_1'(w)=\gamma_1'w(1)+\gamma_2'w'(1)+\gamma_3'w''(1)+\gamma_4'w'''(1)$；

$\quad h_4=N_2'(w)=\delta_1'w(1)+\delta_2'w'(1)+\delta_3'w''(1)+\delta_4'w'''(1)$；

(iii) $C_w(0+)=C\cdot C_w(0-)$；

（iv）$u(x) = lw$；

（v）$k_1 = M_1(w) = \alpha_1 w(-1) + \alpha_2 w'(-1) + \alpha_3 w''(-1) + \alpha_4 w'''(-1)$；

$k_2 = M_2(w) = \beta_1 w(-1) + \beta_2 w'(-1) + \beta_3 w''(-1) + \beta_4 w'''(-1)$；

$k_3 = -N_1(w) = -(\gamma_1 w(1) + \gamma_2 w'(1) + \gamma_3 w''(1) + \gamma_4 w'''(1))$；

$k_4 = -N_2(w) = -(\delta_1 w(1) + \delta_2 w'(1) + \delta_3 w''(1) + \delta_4 w'''(1))$。

对任意的 $F \in \widetilde{C_0^\infty} \oplus 0^4 \subset D(A)$，由 $\langle AF, W \rangle = \langle F, U \rangle$，可得

$$\frac{1}{p_1^2}\int_{-1}^{0}(lf)\,\overline{w}dx + \frac{1}{p_2^2\rho}\int_{0}^{1}(lf)\,\overline{w}dx$$

$$= \frac{1}{p_1^2}\int_{-1}^{0}f\,\overline{u}dx + \frac{1}{p_2^2\rho}\int_{0}^{1}f\,\overline{u}dx ,$$

即 $\langle lf, w \rangle_1 = \langle f, u \rangle_1$。由标准的 Sturm-Liouville 理论可知，（i）和（iv）
成立。由（iv）可知，方程 $\langle AF, W \rangle = \langle F, U \rangle$，$\forall F \in D(A)$ 即为

$$\frac{1}{p_1^2}\int_{-1}^{0}(lf)\,\overline{w}dx + \frac{1}{p_2^2\rho}\int_{0}^{1}(lf)\,\overline{w}dx +$$

$$\frac{1}{\theta_1}(M_1(f)\,\overline{h}_1 + M_2(f)\,\overline{h}_2) + \frac{1}{\rho\theta_2}(-N_1(f)\,\overline{h}_3 - N_2(f)\,\overline{h}_4)$$

$$= \frac{1}{p_1^2}\int_{-1}^{0}f(l\,\overline{w})\,dx + \frac{1}{p_2^2\rho}\int_{0}^{1}f(l\,\overline{w})\,dx +$$

$$\frac{1}{\theta_1}(M_1'(f)\,\overline{k}_1 + M_2'(f)\,\overline{k}_2) + \frac{1}{\rho\theta_2}(N_1'(f)\,\overline{k}_3 + N_2'(f)\,\overline{k}_4) ,$$

因此

$$\langle lf, w \rangle_1 = \langle f, lw \rangle_1 +$$

$$\frac{1}{\theta_1}(M_1'(f)\,\overline{k}_1 + M_2'(f)\,\overline{k}_2 - M_1(f)\,\overline{h}_1 - M_2(f)\,\overline{h}_2) +$$

$$\frac{1}{\rho\theta_2}(N_1'(f)\,\overline{k}_3 + N_2'(f)\,\overline{k}_4 + N_1(f)\,\overline{h}_3 + N_2'(f)\,\overline{h}_4) ,$$

然而

$$\langle lf, w \rangle_1 = \frac{1}{p_1^2}\int_{-1}^{0}(lf)\,\overline{w}dx + \frac{1}{p_2^2\rho}\int_{0}^{1}(lf)\,\overline{w}dx$$

$$= \frac{1}{p_1^2}\int_{-1}^{0}(-p_1^2 f^{(4)} + q(x)f)\,\overline{w}dx + \frac{1}{p_2^2\rho}\int_{0}^{1}(-p_2^2 f^{(4)} + q(x)f)\,\overline{w}dx$$

$$= \frac{1}{p_1^2} \int_{-1}^{0} f(l\,\overline{w})\,dx + \frac{1}{p_2^2 \rho} \int_{0}^{1} f(l\,\overline{w})\,dx +$$

$$W(f,\ \overline{w};\ 0-) - W(f,\ \overline{w};\ -1) + \frac{1}{\rho} W(f,\ \overline{w};\ 1) - \frac{1}{\rho} W(f,\ \overline{w};\ 0+)$$

$$= \langle f,\ lw \rangle_1 + W(f,\ \overline{w};\ 0-) - W(f,\ \overline{w};\ -1) +$$

$$\frac{1}{\rho} W(f,\ \overline{w};\ 1) - \frac{1}{\rho} W(f,\ \overline{w};\ 0+),$$

因此

$$\frac{1}{\theta_1}(M_1'(f)\,\overline{k}_1 + M_2'(f)\,\overline{k}_2 - M_1(f)\,\overline{h}_1 - M_2(f)\,\overline{h}_2) + \frac{1}{\rho\theta_2}(N_1'(f)\,\overline{k}_3 + N_2'(f)\,\overline{k}_4 +$$

$$N_1(f)\,\overline{h}_3 + N_2(f)\,\overline{h}_4)$$

$$= W(f,\ \overline{w};\ 0-) - W(f,\ \overline{w};\ -1) + \frac{1}{\rho} W(f,\ \overline{w};\ 1) - \frac{1}{\rho} W(f,\ \overline{w};\ 0+)。$$

$$(5\text{-}16)$$

由纳依玛克补缀（Patching）引理可知，存在函数 $F \in D(A)$，使得

$$f^{(i-1)}(-1) = f^{(i-1)}(0-) = f^{(i-1)}(0+) = 0,\ i = 1,\ 2,\ 3,\ 4,$$

$$f(1) = \gamma_4',\ f'(1) = -\gamma_3',\ f''(1) = \gamma_2',\ f'''(1) = -\gamma_1'。$$

则

$$M_1(f) = M_2(f) = M_1'(f) = M_2'(f) = 0,$$

$$W(f,\ \overline{w};\ 0-) = W(f,\ \overline{w};\ 0+) = W(f,\ \overline{w};\ -1) = 0,$$

由式（5-16）可得

$$\frac{1}{\rho\theta_2}(N_1'(f)\,\overline{k}_3 + N_2'(f)\,\overline{k}_4 + N_1(f)\,\overline{h}_3 + N_2(f)\,\overline{h}_4) = \frac{1}{\rho} W(f,\ \overline{w};\ 1)。$$

一方面，

$$\frac{1}{\rho} W(f,\ \overline{w};\ 1)$$

$$= \frac{1}{\rho}(f(1)\,\overline{w}'''(1) - f'(1)\,\overline{w}''(1) + f''(1)\,\overline{w}'(1) - f'''(1)\,\overline{w}(1))$$

$$= \frac{1}{\rho}(\gamma_4'\,\overline{w}'''(1) + \gamma_3'\,\overline{w}''(1) + \gamma_2'\,\overline{w}'(1) + \gamma_1'\,\overline{w}(1))$$

$$= \frac{1}{\rho} N_1'(\overline{w}),$$

另一方面，

$$\frac{1}{\rho\theta_2}(N_1'(f)\,\overline{k}_3 + N_2'(f)\,\overline{k}_4 + N_1(f)\,\overline{h}_3 + N_2(f)\,\overline{h}_4)$$

$$= \frac{1}{\rho\theta_2}((\gamma_1'f(1) + \gamma_2'f'(1) + \gamma_3'f''(1) + \gamma_4'f'''(1))\,\overline{k}_3 +$$

$$(\delta_1'f(1) + \delta_2'f'(1) + \delta_3'f''(1) + \delta_4'f'''(1))\,\overline{k}_4 +$$

$$(\gamma_1 f(1) + \gamma_2 f'(1) + \gamma_3 f''(1) + \gamma_4 f'''(1))\,\overline{h}_3 +$$

$$(\delta_1 f(1) + \delta_2 f'(1) + \delta_3 f''(1) + \delta_4 f'''(1))\,\overline{h}_4)$$

$$= \frac{1}{\rho\theta_2}((\gamma_1'\gamma_4' - \gamma_2'\gamma_3' + \gamma_3'\gamma_2' - \gamma_4'\gamma_1')\,\overline{k}_3 +$$

$$(\delta_1'\gamma_4' - \delta_2'\gamma_3' + \delta_3'\gamma_2' - \delta_4'\gamma_1')\,\overline{k}_4 +$$

$$(\gamma_1\gamma_4' - \gamma_2\gamma_3' + \gamma_3\gamma_2' - \gamma_4\gamma_1')\,\overline{h}_3 +$$

$$(\delta_1\gamma_4' - \delta_2\gamma_3' + \delta_3\gamma_2' - \delta_4\gamma_1')\,\overline{h}_4),$$

然而，$BQ_1B^T = \theta_2 Q_2$，所以

$$\frac{1}{\rho\theta_2}(N_1'(f)\,\overline{k}_3 + N_2'(f)\,\overline{k}_4 + N_1(f)\,\overline{h}_3 + N_2(f)\,\overline{h}_4) = \frac{1}{\rho\theta_2}\theta_2\,\overline{h}_3 = \frac{1}{\rho}\,\overline{h}_3,$$

因此 $h_3 = N_1'(w)$。

　　类似地，由 $BQ_1B^T = \theta_2 Q_2$，可证

$$h_4 = N_2'(w), \quad k_3 = -N_1(w), \quad k_4 = -N_2(w)。$$

　　选取 $F \in D(A)$，使得

$$f^{(i-1)}(1) = f^{(i-1)}(0-) = f^{(i-1)}(0+) = 0, \quad i = 1, 2, 3, 4,$$

$$f(-1) = \alpha_4', \quad f'(-1) = -\alpha_3', \quad f''(-1) = \alpha_2', \quad f'''(-1) = -\alpha_1',$$

则

$$N_1(f) = N_2(f) = N_1'(f) = N_2'(f) = 0,$$

$$W(f, \overline{w}; 0-) = W(f, \overline{w}; 0+) = W(f, \overline{w}; 1) = 0。$$

于是，由式 (5-16)，可得

$$\frac{1}{\theta_1}(M_1'(f)\,\overline{k}_1 + M_2'(f)\,\overline{k}_2 - M_1(f)\,\overline{h}_1 - M_2(f)\,\overline{h}_2) = -W(f, \overline{w}; -1)。$$

一方面，

$$- W(f, \overline{w}; -1) = - (f(-1)\,\overline{w}'''(-1) - f'(-1)\,\overline{w}''(-1) +$$
$$f''(1)\,\overline{w}'(-1) - f'''(1)\,\overline{w}(-1))$$
$$= - (\alpha_4'\,\overline{w}'''(-1) + \alpha_3'\,\overline{w}''(-1) +$$
$$\alpha_2'\,\overline{w}'(-1) + \alpha_1'\,\overline{w}(-1))$$
$$= - M_1'(\overline{w});$$

另一方面，

$$\frac{1}{\theta_1}(M_1'(f)\,\overline{k}_1 + M_2'(f)\,\overline{k}_2 - M_1(f)\,\overline{h}_1 - M_2(f)\,\overline{h}_2)$$

$$= \frac{1}{\theta_1}((\alpha_1'f(1) + \alpha_2'f'(1) + \alpha_3'f''(1) + \alpha_4'f'''(1))\,\overline{k}_1 +$$

$$(\beta_1'f(1) + \beta_2'f'(1) + \beta_3'f''(1) + \beta_4'f'''(1))\,\overline{k}_2 -$$

$$(\alpha_1 f(1) + \alpha_2 f'(1) + \alpha_3 f''(1) + \alpha_4 f'''(1))\,\overline{h}_1 -$$

$$(\beta_1 f(1) + \beta_2 f'(1) + \beta_3 f''(1) + \beta_4 f'''(1))\,\overline{h}_2)$$

$$= \frac{1}{\theta_1}((\alpha_1'\alpha_4' - \alpha_2'\alpha_3' + \alpha_3'\alpha_2' - \alpha_4'\alpha_1')\,\overline{k}_1 +$$

$$(\beta_1'\alpha_4' - \beta_2'\alpha_3' + \beta_3'\alpha_2' - \beta_4'\alpha_1')\,\overline{k}_2 -$$

$$(\alpha_1\alpha_4' - \alpha_2\alpha_3' + \alpha_3\alpha_2' - \alpha_4\alpha_1')\,\overline{h}_1 -$$

$$(\beta_1\alpha_4' - \beta_2\alpha_3' + \beta_3\alpha_2' - \beta_4\alpha_1')\,\overline{h}_2),$$

然而，$AQ_1A^T = \theta_1 Q_2$，所以

$$\frac{1}{\theta_1}(M_1'(f)\,\overline{k}_1 + M_2'(f)\,\overline{k}_2 + M_1(f)\,\overline{h}_1 + M_2(f)\,\overline{h}_2) = \frac{1}{\theta_1}(-\theta_1)\,\overline{h}_1 = -\overline{h}_1,$$

因此 $h_1 = M_1'(w)$。

类似地，由 $AQ_1A^T = \theta_1 Q_2$，可以证明

$$h_2 = M_2'(w),\ k_1 = M_1(w),\ k_2 = M_2(w)。$$

所以，等式（ii）与（v）成立。

选取 $F \in D(A)$，使得

$$f^{(i-1)}(-1) = f^{(i-1)}(1) = 0,\ i = 1,\ 2,\ 3,\ 4,$$

$$f(0+) = f'(0+) = f''(0+) = 0,\ f'''(0+) = -\rho,$$

$$f(0-) = c_{11},\ f'(0-) = -c_{12},\ f''(0-) = c_{13},\ f'''(0-) = -c_{14},$$

因此

$$M_i(f) = M_i'(f) = N_i(f) = N_i'(f) = 0,\ i = 1,\ 2,$$

$$W(f, \overline{w}; -1) = W(f, \overline{w}; 1) = 0。$$

再由式（5-16）可得 $W(f, \overline{w}; 0+) = \rho W(f, \overline{w}; 0-)$，即

$$\rho w(0+) = \rho(c_{11}w(0-) + c_{12}w'(0-) + c_{13}w''(0-) + c_{14}w'''(0-))，$$

所以

$$w(0+) = \sum_{i=1}^{4} c_{1i}w^{(i-1)}(0-)。$$

然而，$C = (c_{ij})$ 是 $4×4$ 实矩阵，则利用类似的方法，可得

$$w^{(k-1)}(0+) = \sum_{i=1}^{4} c_{ki}w^{(i-1)}(0-)，\ k = 2,\ 3,\ 4，$$

因此，$C_w(0+) = C \cdot C_w(0-)$，等式（iii）成立。

由上面的证明可知，若定理 5.1 中条件（1）－（3）成立，则 A 是自共轭算子。

相反地，若 A 是自共轭算子，则可证定理 5.1 中条件（1）－（3）成立。

$\square$

注 5.1 由定理 5.1 可知，若条件（1）和条件（2）成立，算子 A 是对称的；若条件（3）也成立，算子 A 才是自共轭的。

设 A 是自共轭的算子，则由自共轭算子的性质可知：

推论 5.1 边值问题（5-1）－（5-6）的特征值是实的。

推论 5.2 设 λ_1 与 λ_2 是边值问题（5-1）－（5-6）的两个不同特征值，则相应特征函数 $f(x)$ 与 $g(x)$ 在下述意义下是正交的

$$\frac{1}{p_1^2}\int_{-1}^{0} f\overline{g}dx + \frac{1}{p_2^2\rho}\int_{0}^{1} f\overline{g}dx + \frac{1}{\theta_1}(M_1'(f)M_1'(\overline{g}) + M_2'(f)M_2'(\overline{g})) +$$

$$\frac{1}{\rho\theta_2}(N_1'(f)N_1'(\overline{g}) + N_2'(f)N_2'(\overline{g})) = 0。 \tag{5-17}$$

因此，在 Hilbert 空间 H 中，边值问题（5-1）－（5-6）对应于不同特征值的特征函数在通常意义下是不正交的。

下面的部分中，假设算子 A 是自共轭的。

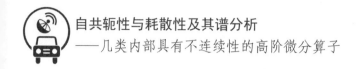

5.3 特征值的充分必要条件

根据常微分方程理论中解的存在唯一性定理，定义方程（5-1）在区间 $J = [-1, 0) \cup (0, 1]$ 上的两组基本解 $\phi_1(x, \lambda)$，$\phi_2(x, \lambda)$ 与 $\mathcal{X}_1(x, \lambda)$，$\mathcal{X}_2(x, \lambda)$。

设 $\phi_{11}(x, \lambda)$，$\phi_{12}(x, \lambda)$ 与 $\mathcal{X}_{11}(x, \lambda)$，$\mathcal{X}_{12}(x, \lambda)$ 是方程（5-1）在区间 $[-1, 0)$ 上的线性无关解，满足初始条件

$$(C_{\phi11}(-1, \lambda), C_{\phi12}(-1, \lambda), C_{\mathcal{X}11}(-1, \lambda), C_{\mathcal{X}12}(-1, \lambda)) = E,$$

$$(5-18)$$

其中，E 是单位矩阵。它们的 Wronskian 行列式独立于变量 x，且是关于参数 λ 的整函数，记为 $w_1(\lambda)$，且

$$
\begin{aligned}
w_1(\lambda) &= W(\phi_{11}(x, \lambda), \phi_{12}(x, \lambda), \mathcal{X}_{11}(x, \lambda), \mathcal{X}_{12}(x, \lambda)) \\
&= \det(C_{\phi11}(x, \lambda), C_{\phi12}(x, \lambda), C_{\mathcal{X}11}(x, \lambda), C_{\mathcal{X}12}(x, \lambda)) \\
&= \det(C_{\phi11}(-1, \lambda), C_{\phi12}(-1, \lambda), C_{\mathcal{X}11}(-1, \lambda), C_{\mathcal{X}12}(-1, \lambda)) \\
&= 1。
\end{aligned}
$$

设 $\phi_{21}(x, \lambda)$，$\phi_{22}(x, \lambda)$ 与 $\mathcal{X}_{21}(x, \lambda)$，$\mathcal{X}_{22}(x, \lambda)$ 是方程（5-1）在区间 $(0, 1]$ 上满足下面初始条件的解。

$$
\begin{aligned}
&(C_{\phi21}(0, \lambda), C_{\phi22}(0, \lambda), C_{\mathcal{X}21}(0, \lambda), C_{\mathcal{X}22}(0, \lambda)) \\
&= C \cdot (C_{\phi11}(0, \lambda), C_{\phi12}(0, \lambda), C_{\mathcal{X}11}(0, \lambda), C_{\mathcal{X}12}(0, \lambda))。
\end{aligned}
$$

$$(5-19)$$

函数 $\phi_{21}(x, \lambda)$，$\phi_{22}(x, \lambda)$，$C_{\mathcal{X}21}(x, \lambda)$，$C_{\mathcal{X}22}(x, \lambda)$ 的 Wronskian 行列式独立于变量 x，且是关于特征参数 λ 的整函数，记为 $w_2(\lambda)$，直接计算可得

$$
\begin{aligned}
w_2(\lambda) &= W(\phi_{21}(x, \lambda), \phi_{22}(x, \lambda), \mathcal{X}_{21}(x, \lambda), \mathcal{X}_{22}(x, \lambda)) \\
&= \det(C_{\phi21}(x, \lambda), C_{\phi22}(x, \lambda), C_{\mathcal{X}21}(x, \lambda), C_{\mathcal{X}22}(x, \lambda)) \\
&= \det(C_{\phi21}(0, \lambda), C_{\phi22}(0, \lambda), C_{\mathcal{X}21}(0, \lambda), C_{\mathcal{X}22}(0, \lambda)) \\
&= \det(C \cdot (C_{\phi11}(0, \lambda), C_{\phi12}(0, \lambda), C_{\mathcal{X}11}(0, \lambda), C_{\mathcal{X}12}(0, \lambda)) \\
&= (\det C) w_1(\lambda) = \rho^2 > 0。
\end{aligned}
$$

因此，函数 $\phi_{21}(x, \lambda)$，$\phi_{22}(x, \lambda)$ 与 $\chi_{21}(x, \lambda)$，$\chi_{22}(x, \lambda)$ 在区间 $(0, 1]$ 上是线性无关的。设

$$\phi_1(x, \lambda) = \begin{cases} \phi_{11}(x, \lambda), & x \in [-1, 0); \\ \phi_{21}(x, \lambda), & x \in (0, 1]。 \end{cases},$$

$$\phi_2(x, \lambda) = \begin{cases} \phi_{12}(x, \lambda), & x \in [-1, 0); \\ \phi_{22}(x, \lambda), & x \in (0, 1]。 \end{cases},$$

$$\chi_1(x, \lambda) = \begin{cases} \chi_{11}(x, \lambda), & x \in [-1, 0); \\ \chi_{21}(x, \lambda), & x \in (0, 1]。 \end{cases},$$

$$\chi_2(x, \lambda) = \begin{cases} \chi_{12}(x, \lambda), & x \in [-1, 0); \\ \chi_{22}(x, \lambda), & x \in (0, 1]。 \end{cases}$$

则 $\phi_1(x, \lambda)$，$\phi_2(x, \lambda)$ 与 $\chi_1(x, \lambda)$，$\chi_2(x, \lambda)$ 是方程 $l(y) = \lambda y (x \in I)$ 满足转移条件 (5-6) 的线性无关解。

引理 5.4 设

$$u(x) = \begin{cases} u_1(x), & x \in [-1, 0); \\ u_2(x), & x \in (0, 1]。 \end{cases}$$

是方程 $ly = \lambda y$ 的任意解，则它可以表示为

$u(x) =$
$$\begin{cases} d_1\phi_{11}(x, \lambda) + d_2\phi_{12}(x, \lambda) + d_3\chi_{11}(x, \lambda)d_4\chi_{12}(x, \lambda), & x \in [-1, 0); \\ d_5\phi_{21}(x, \lambda) + d_6\phi_{22}(x, \lambda) + d_7\chi_{21}(x, \lambda) + d_8\chi_{22}(x, \lambda), & x \in (0, 1]。 \end{cases}$$

其中，$d_i \in \mathbb{C}$ ($i = 1, 2, \cdots, 8$)。若 $u(x)$ 满足转移条件 (5-6)，则 $d_1 = d_5$，$d_2 = d_6$，$d_3 = d_7$，$d_4 = d_8$。

证明 设 $u(x)$ 表示为如下形式

$u(x) =$
$$\begin{cases} d_1\phi_{11}(x, \lambda) + d_2\phi_{12}(x, \lambda) + d_3\chi_{11}(x, \lambda) + d_4\chi_{12}(x, \lambda), & x \in [-1, 0); \\ d_5\phi_{21}(x, \lambda) + d_6\phi_{22}(x, \lambda) + d_7\chi_{21}(x, \lambda) + d_8\chi_{22}(x, \lambda), & x \in (0, 1]。 \end{cases}$$

将转移条件 (5-6) 代入 $u(x)$ 的表达式，有

$$\begin{pmatrix} d_5\phi_{21}(0, \lambda) + d_6\phi_{22}(0, \lambda) + d_7\chi_{21}(0, \lambda) + d_8\chi_{22}(0, \lambda) \\ d_5\phi'_{21}(0, \lambda) + d_6\phi'_{22}(0, \lambda) + d_7\chi'_{21}(0, \lambda) + d_8\chi'_{22}(0, \lambda) \\ d_5\phi''_{21}(0, \lambda) + d_6\phi''_{22}(0, \lambda) + d_7\chi''_{21}(0, \lambda) + d_8\chi''_{22}(0, \lambda) \\ d_5\phi'''_{21}(0, \lambda) + d_6\phi'''_{22}(0, \lambda) + d_7\chi'''_{21}(0, \lambda) + d_8\chi'''_{22}(0, \lambda) \end{pmatrix}$$

$$= C \cdot \begin{pmatrix} d_1\phi_{11}(0, \lambda) + d_2\phi_{12}(0, \lambda) + d_3 X_{11}(0, \lambda) + d_4 X_{12}(0, \lambda) \\ d_1\phi'_{11}(0, \lambda) + d_2\phi'_{12}(0, \lambda) + d_3 X'_{11}(0, \lambda) + d_4 X'_{12}(0, \lambda) \\ d_1\phi''_{11}(0, \lambda) + d_2\phi''_{12}(0, \lambda) + d_3 X''_{11}(0, \lambda) + d_4 X''_{12}(0, \lambda) \\ d_1\phi'''_{11}(0, \lambda) + d_2\phi'''_{12}(0, \lambda) + d_3 X'''_{11}(0, \lambda) + d_4 X'''_{12}(0, \lambda) \end{pmatrix},$$

将之记为如下形式

$$(C_{\phi21}(0, \lambda), C_{\phi22}(0, \lambda), C_{X21}(0, \lambda), C_{X22}(0, \lambda))(d_5, d_6, d_7, d_8)^T$$

$$= C \cdot (C_{\phi11}(0, \lambda), C_{\phi12}(0, \lambda), C_{X11}(0, \lambda), C_{X12}(0, \lambda))(d_1, d_2, d_3, d_4)^T,$$

代入函数 $\phi_{21}(x, \lambda)$, $\phi_{22}(x, \lambda)$, $X_{21}(x, \lambda)$, $X_{22}(x, \lambda)$ 的初始条件
(5-19), 可得

$$C \cdot (C_{\phi11}(0, \lambda), C_{\phi12}(0, \lambda), C_{X11}(0, \lambda), C_{X12}(0, \lambda))(d_5, d_6, d_7, d_8)^T$$

$$= C \cdot (C_{\phi11}(0, \lambda), C_{\phi12}(0, \lambda), C_{X11}(0, \lambda), C_{X12}(0, \lambda))(d_1, d_2, d_3, d_4)^T,$$

因此

$$C \cdot (C_{\phi11}(0, \lambda), C_{\phi12}(0, \lambda), C_{X11}(0, \lambda), C_{X12}(0, \lambda)) \begin{pmatrix} d_5 - d_1 \\ d_6 - d_2 \\ d_7 - d_3 \\ d_8 - d_4 \end{pmatrix} = 0。$$

$$(5-20)$$

由于

$$\det(C \cdot (C_{\phi11}(0, \lambda), C_{\phi12}(0, \lambda), C_{X11}(0, \lambda), C_{X12}(0, \lambda)))$$

$$= \rho^2 w_1(\lambda) = \rho^2 \neq 0,$$

所以线性方程组 (5-20) 只有零解, 则 $d_1 = d_5$, $d_2 = d_6$, $d_3 = d_7$, $d_4 = d_8$。

$\square$

设

$$\Phi_1(x, \lambda) = (C_{\phi11}(x, \lambda), C_{\phi12}(x, \lambda), C_{X11}(x, \lambda), C_{X12}(x, \lambda)),$$
$$x \in [-1, 0), \qquad\qquad (5-21)$$
$$\Phi_2(x, \lambda) = (C_{\phi21}(x, \lambda), C_{\phi22}(x, \lambda), C_{X21}(x, \lambda), C_{X22}(x, \lambda)),$$
$$x \in (0, 1], \lambda \in \mathbb{C}, \qquad\qquad (5-22)$$

其中, $\phi_1(0, \lambda)$ 与 $\phi_2(0, \lambda)$ 由左右极限定义。设

$$\Phi(x, \lambda) = \begin{cases} \Phi_1(x, \lambda), & x \in [-1, 0); \\ \Phi_2(x, \lambda), & x \in (0, 1]。 \end{cases},$$

则

$$\Phi(0-,\lambda)=\Phi_1(0,\lambda),\ \Phi(0+,\lambda)=\Phi_2(0,\lambda)。$$

对任意的 $x\in J$，$\Phi(x,\lambda)$ 是关于 λ 的整函数。

将边值问题（5-1）–（5-6）的边界条件（5-2）–（5-5）写成矩阵形式

$$A_\lambda C_u(-1)+B_\lambda C_u(1)=0,$$

其中，

$$A_\lambda=\begin{pmatrix}\lambda\alpha_1'-\alpha_1 & \lambda\alpha_2'-\alpha_2 & \lambda\alpha_3'-\alpha_3 & \lambda\alpha_4'-\alpha_4\\ \lambda\beta_1'-\beta_1 & \lambda\beta_2'-\beta_2 & \lambda\beta_3'-\beta_3 & \lambda\beta_4'-\beta_4\\ 0 & 0 & 0 & 0\\ 0 & 0 & 0 & 0\end{pmatrix},$$

$$B_\lambda=\begin{pmatrix}0 & 0 & 0 & 0\\ 0 & 0 & 0 & 0\\ \lambda\gamma_1'+\gamma_1 & \lambda\gamma_2'+\gamma_2 & \lambda\gamma_3'+\gamma_3 & \lambda\gamma_4'+\gamma_4\\ \lambda\delta_1'+\delta_1 & \lambda\delta_2'+\delta_2 & \lambda\delta_3'+\delta_3 & \lambda\delta_4'+\delta_4\end{pmatrix}。$$

定理 5.2　复数 λ 是问题（5-1）–（5-6）的特征值当且仅当

$$\Delta(\lambda)=\det(A_\lambda+B_\lambda\Phi(1,\lambda))=0。$$

证明　设 λ_0 是问题（5-1）–（5-6）的特征值，对应的特征函数为 $u_0(x)$。由引理 5.4 可知，特征函数 $u_0(x)$ 可以写成如下形式

$$u_0(x)=\begin{cases}d_1\phi_{11}(x,\lambda_0)+d_2\phi_{12}(x,\lambda_0)+d_3\chi_{11}(x,\lambda_0)+d_4\chi_{12}(x,\lambda_0), & x\in[-1,0);\\ d_1\phi_{21}(x,\lambda_0)+d_2\phi_{22}(x,\lambda_0)+d_3\chi_{21}(x,\lambda_0)+d_4\chi_{22}(x,\lambda_0), & x\in(0,1]。\end{cases}$$

d_1，d_2，d_3，d_4 是不全为零的常数。

将 $u_0(x)$ 代入边界条件 $A_\lambda C_u(-1)+B_\lambda C_u(1)=0$ 中，可得

$$A_\lambda\begin{pmatrix}d_1\phi_{11}(-1,\lambda_0)+d_2\phi_{12}(-1,\lambda_0)+d_3\chi_{11}(-1,\lambda_0)+d_4\chi_{12}(-1,\lambda_0)\\ d_1\phi_{11}'(-1,\lambda_0)+d_2\phi_{12}'(-1,\lambda_0)+d_3\chi_{11}'(-1,\lambda_0)+d_4\chi_{12}'(-1,\lambda_0)\\ d_1\phi_{11}''(-1,\lambda_0)+d_2\phi_{12}''(-1,\lambda_0)+d_3\chi_{21}''(-1,\lambda_0)+d_4\chi_{12}''(-1,\lambda_0)\\ d_1\phi_{11}'''(-1,\lambda_0)+d_2\phi_{12}'''(-1,\lambda_0)+d_3\chi_{21}'''(-1,\lambda_0)+d_4\chi_{12}'''(-1,\lambda_0)\end{pmatrix}+$$

$$B_\lambda \begin{pmatrix} d_1\phi_{21}(1, \lambda_0) + d_2\phi_{22}(1, \lambda_0) + d_3\chi_{21}(1, \lambda_0) + d_4\chi_{22}(1, \lambda_0) \\ d_1\phi'_{21}(1, \lambda_0) + d_2\phi'_{22}(1, \lambda_0) + d_3\chi'_{21}(1, \lambda_0) + d_4\chi'_{22}(1, \lambda_0) \\ d_1\phi''_{21}(1, \lambda_0) + d_2\phi''_{22}(1, \lambda_0) + d_3\chi''_{21}(1, \lambda_0) + d_4\chi''_{22}(1, \lambda_0) \\ d_1\phi'''_{21}(1, \lambda_0) + d_2\phi'''_{22}(1, \lambda_0) + d_3\chi'''_{21}(1, \lambda_0) + d_4\chi'''_{22}(1, \lambda_0) \end{pmatrix} = 0,$$

即

$$A_\lambda(C_{\phi 11}(-1, \lambda_0), \ C_{\phi 12}(-1, \lambda_0), \ C_{\chi 11}(-1, \lambda_0), \ C_{\chi 12}(-1, \lambda_0)) \begin{pmatrix} d_1 \\ d_2 \\ d_3 \\ d_4 \end{pmatrix} +$$

$$B_\lambda(C_{\phi 21}(1, \lambda_0), \ C_{\phi 22}(1, \lambda_0), \ C_{\chi 21}(1, \lambda_0), \ C_{\chi 22}(1, \lambda_0)) \begin{pmatrix} d_1 \\ d_2 \\ d_3 \\ d_4 \end{pmatrix} = 0,$$

由式 (5-18)、式 (5-21) 与式 (5-22)，可得

$$(A_\lambda + B_\lambda \Phi(1, \lambda_0)) \begin{pmatrix} d_1 \\ d_2 \\ d_3 \\ d_4 \end{pmatrix} = 0, \tag{5-23}$$

由于 d_1, d_2, d_3, d_4 中至少有一个是非零的，则

$$\det(A_\lambda + B_\lambda \Phi(1, \lambda_0)) = 0_\circ$$

相反地，若

$$\det(A_\lambda + B_\lambda \Phi(1, \lambda_0)) = 0,$$

则关于变量 d_1, d_2, d_3, d_4 的齐次线性方程组(5-23) 有非零解 $(d'_1, d'_2, d'_3, d'_4)^T$。令

$u(x) =$

$$\begin{cases} d'_1\phi_{11}(x, \lambda_0) + d'_2\phi_{12}(x, \lambda_0) + d'_3\chi_{11}(x, \lambda_0) + d'_4\chi_{12}(x, \lambda_0), \ x \in [-1, 0); \\ d'_1\phi_{21}(x, \lambda_0) + d'_2\phi_{22}(x, \lambda_0) + d'_3\chi_{21}(x, \lambda_0) + d'_4\chi_{22}(x, \lambda_0), \ x \in (0, 1]_\circ \end{cases},$$

则 $u(x)$ 是方程 $lu = \lambda u$ 满足条件(5-2) - (5-6)的非零解。因此 λ 是问题 (5-1) - (5-6) 的特征值。

□

推论 5.3 问题 (5-1) - (5-6) 最多只有可数多个实的特征值，且没有有限值的聚点。

5.4 特征函数系的完备性

这一部分，借助空间 H 与新算子 A 来研究问题 $(5-1)-(5-6)$，在算子 A 是自共轭的前提下，结合紧算子的谱理论，得到特征函数系的完备性。

定理 5.3 算子 A 仅有点谱，即 $\sigma(A) = \sigma_p(A)$。

证明 只需证明，若 λ 不是算子 A 的特征值，则 $\lambda \in \rho(A)$。由于 A 是自共轭算子，仅需考虑 λ 为实数的情形。考虑方程 $(A-\lambda)Y = F$，其中 $F = (f, h_1, h_2, h_3, h_4) \in H$，$\lambda \in \mathbb{R}$。由算子 A 的定义，将问题分成初值问题

$$\begin{cases} ly - \lambda y = f, \ x \in [-1, 0) \cup (0, 1]; \\ y^{(i-1)}(0+) - \sum_{j=1}^{4} c_{ij} y^{(i-1)}(0-) = 0, \ i = 1, 2, 3, 4_{\circ} \end{cases} \tag{5-24}$$

与方程组

$$\begin{cases} M_i(y) - \lambda M_i'(y) = h_i, \ i = 1, 2; \\ N_i(y) + \lambda N_i'(y) = -h_i, \ i = 3, 4_{\circ} \end{cases} \tag{5-25}$$

两部分。

由引理 5.4 可知，方程组

$$\begin{cases} ly - \lambda y = 0, \ x \in [-1, 0) \cup (0, 1]; \\ y^{(i-1)}(0+) - \sum_{j=1}^{4} c_{ij} y^{(j-1)}(0-) = 0, \ i = 1, 2, 3, 4_{\circ} \end{cases}$$

的通解如下

$$y(x) = \begin{cases} d_1 \phi_{11}(x, \lambda) + d_2 \phi_{12}(x, \lambda) + d_3 \chi_{11}(x, \lambda) + d_4 \chi_{12}(x, \lambda), \ x \in [-1, 0); \\ d_1 \phi_{21}(x, \lambda) + d_2 \phi_{22}(x, \lambda) + d_3 \chi_{21}(x, \lambda) + d_4 \chi_{22}(x, \lambda), \ x \in (0, 1]; \end{cases}$$

其中，$d_i \in \mathbb{C} \ (i = 1, 2, 3, 4)$，$\phi_{ij}(x, \lambda)$，$\chi_{ij}(x, \lambda) \ (i, j = 1, 2)$ 的定义见第 5.3 节。

设

$$w(x) = \begin{cases} w_1(x), \ x \in [-1, 0); \\ w_2(x), \ x \in (0, 1]_{\circ} \end{cases}$$

是方程 (5-24) 的一个特解, 则边值问题 (5-24) 的通解如下

$$y(x) = \begin{cases} d_1\phi_{11}(x, \lambda) + d_2\phi_{12}(x, \lambda) + \\ d_3\chi_{11}(x, \lambda) + d_4\chi_{12}(x, \lambda) + w_1(x), & x \in [-1, 0); \\ d_1\phi_{21}(x, \lambda) + d_2\phi_{22}(x, \lambda) + \\ d_3\chi_{21}(x, \lambda) + d_4\chi_{22}(x, \lambda) + w_2(x), & x \in (0, 1]. \end{cases}$$

(5-26)

其中, $d_i \in \mathbb{C} \, (i = 1, 2, 3, 4)$。

考虑方程 $(A - \lambda)Y = F$ 的第二、第三、第四、第五个分量所涉及的方程组 (5-25), 将通解 (5-26) 代入方程组 (5-25), 可得

$$[(\lambda\alpha_1' - \alpha_1)\phi_{11} + (\lambda\alpha_2' - \alpha_2)\phi_{11}' + (\lambda\alpha_3' - \alpha_3)\phi_{11}'' + (\lambda\alpha_4' - \alpha_4)\phi_{11}''']_{x=-1}d_1 +$$
$$[(\lambda\alpha_1' - \alpha_1)\phi_{12} + (\lambda\alpha_2' - \alpha_2)\phi_{12}' + (\lambda\alpha_3' - \alpha_3)\phi_{12}'' + (\lambda\alpha_4' - \alpha_4)\phi_{12}''']_{x=-1}d_2 +$$
$$[(\lambda\alpha_1' - \alpha_1)\chi_{11} + (\lambda\alpha_2' - \alpha_2)\chi_{11}' + (\lambda\alpha_3' - \alpha_3)\chi_{11}'' + (\lambda\alpha_4' - \alpha_4)\chi_{11}''']_{x=-1}d_3 +$$
$$[(\lambda\alpha_1' - \alpha_1)\chi_{12} + (\lambda\alpha_2' - \alpha_2)\chi_{12}' + (\lambda\alpha_3' - \alpha_3)\chi_{12}'' + (\lambda\alpha_4' - \alpha_4)\chi_{12}''']_{x=-1}d_4$$
$$= -h_1 - (\lambda\alpha_1' - \alpha_1)w_1 - (\lambda\alpha_2' - \alpha_2)w_1' - (\lambda\alpha_3' - \alpha_3)w_1'' - (\lambda\alpha_4 - \alpha_4)w_1''',$$
$$[(\lambda\beta_1' - \beta_1)\phi_{11} + (\lambda\beta_2' - \beta_2)\phi_{11}' + (\lambda\beta_3' - \beta_3)\phi_{11}'' + (\lambda\beta_4' - \beta_4)\phi_{11}''')]_{x=-1}d_1 +$$
$$[(\lambda\beta_1' - \beta_1)\phi_{12} + (\lambda\beta_2' - \beta_2)\phi_{12}' + (\lambda\beta_3' - \beta_3)\phi_{12}'' + (\lambda\beta_4' - \beta_4)\phi_{12}''')]_{x=-1}d_2 +$$
$$[(\lambda\beta_1' - \beta_1)\chi_{11} + (\lambda\beta_2' - \beta_2)\chi_{11}' + (\lambda\beta_3' - \beta_3)\chi_{11}'' + (\lambda\beta_4' - \beta_4)\chi_{11}''']_{x=-1}d_3 +$$
$$[(\lambda\beta_1' - \beta_1)\chi_{12} + (\lambda\beta_2' - \beta_2)\chi_{12}' + (\lambda\beta_3' - \beta_3)\chi_{12}'' + (\lambda\beta_4' - \beta_4)\chi_{12}''']_{x=-1}d_4$$
$$= -h_2 - (\lambda\beta_1' - \beta_1)w_1 - (\lambda\beta_2' - \beta_2)w_1' - (\lambda\beta_3' - \beta_3)w_1'' - (\lambda\beta_4' - \beta_4)w_1''',$$
$$[(\gamma_1 + \lambda\gamma_1')\phi_{11} + (\gamma_2 + \lambda\gamma_2')\phi_{11}' + (\gamma_3 + \lambda\gamma_3')\phi_{11}'' + (\gamma_4 + \lambda\gamma_4')\phi_{11}''']_{x=1}d_1 +$$
$$[(\gamma_1 + \lambda\gamma_1')\phi_{12} + (\gamma_2 + \lambda\gamma_2')\phi_{12}' + (\gamma_3 + \lambda\gamma_3')\phi_{12}'' + (\gamma_4 + \lambda\gamma_4')\phi_{12}''']_{x=1}d_2 +$$
$$[(\gamma_1 + \lambda\gamma_1')\chi_{11} + (\gamma_2 + \lambda\gamma_2')\chi_{11}' + (\gamma_3 + \lambda\gamma_3')\chi_{11}'' + (\gamma_4 + \lambda\gamma_4')\chi_{11}''']_{x=1}d_3 +$$
$$[(\gamma_1 + \lambda\gamma_1')\chi_{12} + (\gamma_2 + \lambda\gamma_2')\chi_{12}' + (\gamma_3 + \lambda\gamma_3')\chi_{12}'' + (\gamma_4 + \lambda\gamma_4')\chi_{12}''']_{x=1}d_4$$
$$= -h_3 - (\lambda\gamma_1' + \gamma_1)w_2 - (\lambda\gamma_2' + \gamma_2)w_2' - (\lambda\gamma_3' + \gamma_3)w_2'' - (\lambda\gamma_4' + \gamma_4)w_2''',$$
$$[(\delta_1 + \lambda\delta')\phi_{11} + (\delta_2 + \lambda\delta_2')\phi_{11}' + (\delta_3 + \lambda\delta_3')\phi_{11}'' + (\delta_4 + \lambda\delta_4')\phi_{11}''']_{x=1}d_1 +$$
$$[(\delta_1 + \lambda\delta_1')\phi_{12} + (\delta_2 + \lambda\delta_2')\phi_{12}' + (\delta_3 + \lambda\delta_3')\phi_{12}'' + (\delta_4 + \lambda\delta_4')\phi_{12}''']_{x=1}d_2 +$$
$$[(\delta_1 + \lambda\delta_1')\chi_{11} + (\delta_2 + \lambda\delta_2')\chi_{11}' + (\delta_3 + \lambda\delta_3')\chi_{11}'' + (\delta_4 + \lambda\delta_4')\chi_{11}''']_{x=1}d_3 +$$
$$[(\delta_1 + \lambda\delta_1')\chi_{12} + (\delta_2 + \lambda\delta_2')\chi_{12}' + (\delta_3 + \lambda\delta_3')\chi_{12}'' + (\delta_4 + \lambda\delta_4')\chi_{12}''']_{x=1}d_4$$
$$= -h_4 - (\lambda\delta_1' + \delta_1)w_2 - (\lambda\delta_2' + \delta_2)w_2' - (\lambda\delta_3' + \delta_3)w_2'' - (\lambda\delta_4 + \delta_4')w_2'''。$$

由式 (5-18)，将上面的方程写成如下的形式，即

$$
\left(A_\lambda + B_\lambda \Phi(1, \lambda) \right)
\begin{pmatrix} d_1 \\ d_2 \\ d_3 \\ d_4 \end{pmatrix}
$$

$$
=
\begin{pmatrix} -h_1 \\ -h_2 \\ -h_3 \\ -h_4 \end{pmatrix}
- A_\lambda
\begin{pmatrix} w_1(-1) \\ w_1'(-1) \\ w_1''(-1) \\ w_1'''(-1) \end{pmatrix}
- B_\lambda
\begin{pmatrix} w_2(1) \\ w_2'(1) \\ w_2''(1) \\ w_2'''(1) \end{pmatrix},
$$

则关于变量 d_1, d_2, d_3, d_4 的方程组的系数行列式为 $\det(A_\lambda + B_\lambda \Phi(1, \lambda))$。由于 λ 不是算子 A 的特征值，则系数行列式 $\det(A_\lambda + B_\lambda \Phi(1, \lambda)) \neq 0$，所以 d_1, d_2, d_3, d_4 是唯一的。因此，边值问题 (5-24) 的通解 (5-26) 是唯一确定的。

以上论述表明 $(A - \lambda I)^{-1}$ 定义在全空间 H 上。由算子 A 的自共轭性及闭图像定理可知 $(A - \lambda I)^{-1}$ 是有界的。因此，$\lambda \in \rho(A)$。所以，$\sigma(A) = \sigma_p(A)$。

□

5.5 算子 A 的格林函数

格林函数为解决线性非齐次方程提供了有力的方法，这一部分，将得到由式 (5-1) – (5-6) 所确定微分算子的格林函数。为了方便，假设 $p(x) \equiv 1$, $x \in J$。为此，考虑方程 $(A - \lambda)Y = F$, $F = (f, h_1, h_2, h_3, h_4) \in H$，其中 λ 不是特征值。由算子 A 的定义，考虑边值问题

$$
\begin{cases}
-y^{(4)} + q(x)y - \lambda y = f(x), \quad x \in [-1, 0) \cup (0, 1]; \\
C_y(0+) = C \cdot C_y(0-)。
\end{cases}
\tag{5-27}
$$

以及方程

$$
\begin{cases}
\alpha_1 y(-1) + \alpha_2 y'(-1) + \alpha_3 y''(-1) + \alpha_4 y'''(-1) - \\
\lambda(\alpha_1' y(-1) + \alpha_2' y'(-1) + \alpha_3' y''(-1) + \alpha_4' y'''(-1)) = h_1; \\
\beta_1 y(-1) + \beta_2 y'(-1) + \beta_3 y''(-1) + \beta_4 y'''(-1) - \\
\lambda(\beta_1' y(-1) + \beta_2' y'(-1) + \beta_3' y''(-1) + \beta_4' y'''(-1)) = h_2; \\
-(\gamma_1 y(1) + \gamma_2 y'(1) + \gamma_3 y''(1) + \gamma_4 y'''(1)) - \\
\lambda(\gamma_1' y(1) + \gamma_2' y'(1) + \gamma_3' y''(1) + \gamma_4' y'''(1)) = h_3; \\
-(\delta_1 y(1) + \delta_2 y'(1) + \delta_3 y''(1) + \delta_4 y'''(1)) - \\
\lambda(\delta_1' y(1) + \delta_2' y'(1) + \delta_3' y''(1) + \delta_4' y'''(1)) = h_4。
\end{cases}
\tag{5-28}
$$

这两部分。设齐次微分方程

$$
-y^{(4)} + q(x)y = \lambda y, \quad x \in [-1, 0) \cup (0, 1]
$$

的基本解如下

$$
U(x, \lambda) = \begin{cases}
C_1 \phi_{11}(x, \lambda) + C_2 \phi_{12}(x, \lambda) + C_3 \chi_{11}(x, \lambda) + C_4 \chi_{12}(x, \lambda), & x \in [-1, 0); \\
C_5 \phi_{21}(x, \lambda) + C_6 \phi_{22}(x, \lambda) + C_7 \chi_{21}(x, \lambda) + C_8 \chi_{22}(x, \lambda), & x \in (0, 1]。
\end{cases}
$$

其中，C_1，C_2，$\cdots$，C_8 是任意常数。由常数变易法，可以得到非齐次微分方程 (5-27) 的基本解如下

$$
U(x, \lambda) = \begin{cases}
C_1(x, \lambda)\phi_{11}(x, \lambda) + C_2(x, \lambda)\phi_{12}(x, \lambda) + \\
C_3(x, \lambda)\chi_{11}(x, \lambda) + C_4(x, \lambda)\chi_{12}(x, \lambda), & x \in [-1, 0); \\
C_5(x, \lambda)\phi_{21}(x, \lambda) + C_6(x, \lambda)\phi_{22}(x, \lambda) + \\
C_7(x, \lambda)\chi_{21}(x, \lambda) + C_8(x, \lambda)\chi_{22}(x, \lambda), & x \in (0, 1]。
\end{cases}
\tag{5-29}
$$

当 $x \in [-1, 0)$ 时，函数 $C_1(x, \lambda)$，$C_2(x, \lambda)$，$C_3(x, \lambda)$，$C_4(x, \lambda)$ 满足线性方程组

$$
\begin{cases}
C_1'(x, \lambda)\phi_{11}(x, \lambda) + C_2'(x, \lambda)\phi_{12}(x, \lambda) + \\
C_3'(x, \lambda)\chi_{11}(x, \lambda) + C_4'(x, \lambda)\chi_{12}(x, \lambda) = 0; \\
C_1'(x, \lambda)\phi_{11}'(x, \lambda) + C_2'(x, \lambda)\phi_{12}'(x, \lambda) + \\
C_3'(x, \lambda)\chi_{11}'(x, \lambda) + C_4'(x, \lambda)\chi_{12}'(x, \lambda) = 0; \\
C_1'(x, \lambda)\phi_{11}''(x, \lambda) + C_2'(x, \lambda)\phi_{12}''(x, \lambda) + \\
C_3'(x, \lambda)\chi_{11}''(x, \lambda) + C_4'(x, \lambda)\chi_{12}''(x, \lambda) = 0; \\
C_1'(x, \lambda)\phi_{11}'''(x, \lambda) + C_2'(x, \lambda)\phi_{12}'''(x, \lambda) + \\
C_3'(x, \lambda)\chi_{11}'''(x, \lambda) + C_4'(x, \lambda)\chi_{12}'''(x, \lambda) = f(x)。
\end{cases}
\tag{5-30}
$$

当 $x \in (0, 1]$ 时，函数 $C_5(x, \lambda)$, $C_6(x, \lambda)$, $C_7(x, \lambda)$, $C_8(x, \lambda)$ 满足线性方程组

$$
\begin{cases}
C_5'(x, \lambda)\phi_{21}(x, \lambda) + C_6'(x, \lambda)\phi_{22}(x, \lambda) + \\
C_7'(x, \lambda)\chi_{21}(x, \lambda) + C_8'(x, \lambda)\chi_{22}(x, \lambda) = 0; \\
C_5'(x, \lambda)\phi_{21}'(x, \lambda) + C_6'(x, \lambda)\phi_{22}'(x, \lambda) + \\
C_7'(x, \lambda)\chi_{21}'(x, \lambda) + C_8'(x, \lambda)\chi_{22}'(x, \lambda) = 0; \\
C_5'(x, \lambda)\phi_{21}''(x, \lambda) + C_6'(x, \lambda)\phi_{22}''(x, \lambda) + \\
C_7'(x, \lambda)\chi_{21}''(x, \lambda) + C_8'(x, \lambda)\chi_{22}''(x, \lambda) = 0; \\
C_5'(x, \lambda)\phi_{21}'''(x, \lambda) + C_6'(x, \lambda)\phi_{22}'''(x, \lambda) + \\
C_7'(x, \lambda)\chi_{21}'''(x, \lambda) + C_8'(x, \lambda)\chi_{22}'''(x, \lambda) = f(x)。
\end{cases} \qquad (5\text{-}31)
$$

由于 λ 不是特征值，线性方程组（5-30）与（5-31）都只有唯一解，且由

$$
w_1(\lambda) = \begin{vmatrix}
\phi_{11}(x, \lambda) & \phi_{12}(x, \lambda) & \chi_{11}(x, \lambda) & \chi_{12}(x, \lambda) \\
\phi_{11}'(x, \lambda) & \phi_{12}'(x, \lambda) & \chi_{11}'(x, \lambda) & \chi_{12}'(x, \lambda) \\
\phi_{11}''(x, \lambda) & \phi_{12}''(x, \lambda) & \chi_{11}''(x, \lambda) & \chi_{12}''(x, \lambda) \\
\phi_{11}'''(x, \lambda) & \phi_{12}'''(x, \lambda) & \chi_{11}'''(x, \lambda) & \chi_{12}'''(x, \lambda)
\end{vmatrix} \neq 0,
$$

$$
w_2(\lambda) = \begin{vmatrix}
\phi_{21}(x, \lambda) & \phi_{22}(x, \lambda) & \chi_{21}(x, \lambda) & \chi_{22}(x, \lambda) \\
\phi_{21}'(x, \lambda) & \phi_{22}'(x, \lambda) & \chi_{21}'(x, \lambda) & \chi_{22}'(x, \lambda) \\
\phi_{21}''(x, \lambda) & \phi_{22}''(x, \lambda) & \chi_{21}''(x, \lambda) & \chi_{22}''(x, \lambda) \\
\phi_{21}'''(x, \lambda) & \phi_{22}'''(x, \lambda) & \chi_{21}'''(x, \lambda) & \chi_{22}'''(x, \lambda)
\end{vmatrix} \neq 0。
$$

显然，当 $x \in [-1, 0)$ 时，方程组（5-30）的解可以表示为

$$
C_1(x, \lambda) = -\frac{1}{w_1(\lambda)} \int_{-1}^{x} f(\xi)\Delta_1(\xi, \lambda)d\xi + C_1,
$$

$$
C_2(x, \lambda) = \frac{1}{w_1(\lambda)} \int_{-1}^{x} f(\xi)\Delta_2(\xi, \lambda)d\xi + C_2,
$$

$$
C_3(x, \lambda) = -\frac{1}{w_1(\lambda)} \int_{-1}^{x} f(\xi)\Delta_3(\xi, \lambda)d\xi + C_3, \qquad (5\text{-}32)
$$

$$
C_4(x, \lambda) = \frac{1}{w_1(\lambda)} \int_{-1}^{x} f(\xi)\Delta_4(\xi, \lambda)d\xi + C_4,
$$

其中，

$$\Delta_1(\xi,\ \lambda) = \begin{vmatrix} \phi_{12}(\xi,\ \lambda) & \chi_{11}(\xi,\ \lambda) & \chi_{12}(\xi,\ \lambda) \\ \phi'_{12}(\xi,\ \lambda) & \chi'_{11}(\xi,\ \lambda) & \chi'_{12}(\xi,\ \lambda) \\ \phi''_{12}(\xi,\ \lambda) & \chi''_{11}(\xi,\ \lambda) & \chi''_{12}(\xi,\ \lambda) \end{vmatrix},$$

$$\Delta_2(\xi,\ \lambda) = \begin{vmatrix} \phi_{11}(\xi,\ \lambda) & \chi_{11}(\xi,\ \lambda) & \chi_{12}(\xi,\ \lambda) \\ \phi'_{11}(\xi,\ \lambda) & \chi'_{11}(\xi,\ \lambda) & \chi'_{12}(\xi,\ \lambda) \\ \phi''_{11}(\xi,\ \lambda) & \chi''_{11}(\xi,\ \lambda) & \chi''_{12}(\xi,\ \lambda) \end{vmatrix},$$

$$\Delta_3(\xi,\ \lambda) = \begin{vmatrix} \phi_{11}(\xi,\ \lambda) & \phi_{12}(\xi,\ \lambda) & \chi_{12}(\xi,\ \lambda) \\ \phi'_{11}(\xi,\ \lambda) & \phi'_{12}(\xi,\ \lambda) & \chi'_{12}(\xi,\ \lambda) \\ \phi''_{11}(\xi,\ \lambda) & \phi''_{12}(\xi,\ \lambda) & \chi''_{12}(\xi,\ \lambda) \end{vmatrix},$$

$$\Delta_4(\xi,\ \lambda) = \begin{vmatrix} \phi_{11}(\xi,\ \lambda) & \phi_{12}(\xi,\ \lambda) & \chi_{11}(\xi,\ \lambda) \\ \phi'_{11}(\xi,\ \lambda) & \phi'_{12}(\xi,\ \lambda) & \chi'_{11}(\xi,\ \lambda) \\ \phi''_{11}(\xi,\ \lambda) & \phi''_{12}(\xi,\ \lambda) & \chi''_{11}(\xi,\ \lambda) \end{vmatrix}。$$

当 $x \in (0,\ 1]$ 时，方程组（5-31）的解可以表示为

$$C_5(x,\ \lambda) = -\frac{1}{w_2(\lambda)}\int_0^x f(\xi)\Delta_5(\xi,\ \lambda)d\xi + C_1,$$

$$C_6(x,\ \lambda) = \frac{1}{w_2(\lambda)}\int_0^x f(\xi)\Delta_6(\xi,\ \lambda)d\xi + C_2,$$

$$C_7(x,\ \lambda) = -\frac{1}{w_2(\lambda)}\int_0^x f(\xi)\Delta_7(\xi,\ \lambda)d\xi + C_3,$$

$$C_8(x,\ \lambda) = \frac{1}{w_2(\lambda)}\int_0^x f(\xi)\Delta_8(\xi,\ \lambda)d\xi + C_4,$$

（5-33）

其中，

$$\Delta_5(\xi,\ \lambda) = \begin{vmatrix} \phi_{22}(\xi,\ \lambda) & \chi_{21}(\xi,\ \lambda) & \chi_{22}(\xi,\ \lambda) \\ \phi'_{22}(\xi,\ \lambda) & \chi'_{21}(\xi,\ \lambda) & \chi'_{22}(\xi,\ \lambda) \\ \phi''_{22}(\xi,\ \lambda) & \chi''_{21}(\xi,\ \lambda) & \chi''_{22}(\xi,\ \lambda) \end{vmatrix},$$

$$\Delta_6(\xi,\ \lambda) = \begin{vmatrix} \phi_{21}(\xi,\ \lambda) & \chi_{21}(\xi,\ \lambda) & \chi_{22}(\xi,\ \lambda) \\ \phi'_{21}(\xi,\ \lambda) & \chi'_{21}(\xi,\ \lambda) & \chi'_{22}(\xi,\ \lambda) \\ \phi''_{21}(\xi,\ \lambda) & \chi''_{21}(\xi,\ \lambda) & \chi''_{22}(\xi,\ \lambda) \end{vmatrix},$$

$$\Delta_7(\xi, \lambda) = \begin{vmatrix} \phi_{21}(\xi, \lambda) & \phi_{22}(\xi, \lambda) & \chi_{22}(\xi, \lambda) \\ \phi'_{21}(\xi, \lambda) & \phi'_{22}(\xi, \lambda) & \chi'_{22}(\xi, \lambda) \\ \phi''_{21}(\xi, \lambda) & \phi''_{22}(\xi, \lambda) & \chi''_{22}(\xi, \lambda) \end{vmatrix},$$

$$\Delta_8(\xi, \lambda) = \begin{vmatrix} \phi_{21}(\xi, \lambda) & \phi_{22}(\xi, \lambda) & \chi_{21}(\xi, \lambda) \\ \phi'_{21}(\xi, \lambda) & \phi'_{22}(\xi, \lambda) & \chi'_{21}(\xi, \lambda) \\ \phi''_{21}(\xi, \lambda) & \phi''_{22}(\xi, \lambda) & \chi''_{21}(\xi, \lambda) \end{vmatrix},$$

C_1，C_2，$\cdots$，C_8 是任意常数。将 $C_1(x, \lambda)$，$C_2(x, \lambda)$，$\cdots$，$C_8(x, \lambda)$ 代入式（5-26），即得到非齐次线性微分方程（5-27）的基本解

$$y_1(x, \lambda) = -\frac{1}{w_1(\lambda)}\Big(-\phi_{11}(x, \lambda)\int_{-1}^{x} f(\xi)\Delta_1(\xi, \lambda)d\xi +$$

$$\phi_{12}(x, \lambda)\int_{-1}^{x} f(\xi)\Delta_2(\xi, \lambda)d\xi -$$

$$\chi_{11}(x, \lambda)\int_{-1}^{x} f(\xi)\Delta_3(\xi, \lambda)d\xi +$$

$$\chi_{12}(x, \lambda)\int_{-1}^{x} f(\xi)\Delta_4(\xi, \lambda)d\xi +$$

$$C_1\phi_{11}(x, \lambda) + C_2\phi_{12}(x, \lambda) +$$

$$C_3\chi_{11}(x, \lambda) + C_4\chi_{12}(x, \lambda), \quad x \in [-1, 0); \tag{5-34}$$

$$y_2(x, \lambda) = \frac{1}{w_2(\lambda)}\Big(-\phi_{21}(x, \lambda)\int_{0}^{x} f(\xi)\Delta_5(\xi, \lambda)d\xi +$$

$$\phi_{22}(x, \lambda)\int_{0}^{x} f(\xi)\Delta_6(\xi, \lambda)d\xi -$$

$$\chi_{21}(x, \lambda)\int_{0}^{x} f(\xi)\Delta_7(\xi, \lambda)d\xi +$$

$$\chi_{22}(x, \lambda)\int_{0}^{x} f(\xi)\Delta_8(\xi, \lambda)d\xi +$$

$$C_5\phi_{21}(x, \lambda) + C_6\phi_{22}(x, \lambda) +$$

$$C_7\chi_{21}(x, \lambda) + C_8\chi_{22}(x, \lambda), \quad x \in (0, 1]。 \tag{5-35}$$

下面，求出常数 C_1，C_2，$\cdots$，C_8，将式（5-34）和式（5-35）代入转移条件（5-6），即 $C_{y2}(0+) = C \cdot C_{y1}(0-)$ 中，可得矩阵表达式

$$(C_{\phi21}(0,\lambda), C_{\phi22}(0,\lambda), C_{\chi21}(0,\lambda), C_{\chi22}(0,\lambda))\begin{pmatrix} C_5 \\ C_6 \\ C_7 \\ C_8 \end{pmatrix} = C \cdot C_{y1}(0-),$$

由式（5-19）可得

$$(C_{\phi 11}(0, \lambda), C_{\phi 12}(0, \lambda), C_{x11}(0, \lambda), C_{x12}(0, \lambda)) \begin{pmatrix} C_5 \\ C_6 \\ C_7 \\ C_8 \end{pmatrix} = C_{y1}(0-),$$

因此

$$C_5 = \frac{1}{w_1(\lambda)} \det(C_{y1}(0, \lambda), C_{\phi 12}(0, \lambda), C_{x11}(0, \lambda), C_{x12}(0, \lambda)),$$

$$C_6 = \frac{1}{w_1(\lambda)} \det(C_{\phi 11}(0, \lambda), C_{y1}(0, \lambda), C_{x11}(0, \lambda), C_{x12}(0, \lambda)),$$

$$C_7 = \frac{1}{w_1(\lambda)} \det(C_{\phi 11}(0, \lambda), C_{\phi 12}(0, \lambda), C_{y1}(0, \lambda), C_{x12}(0, \lambda)),$$

$$C_8 = \frac{1}{w_1(\lambda)} \det(C_{\phi 11}(0, \lambda), C_{\phi 12}(0, \lambda), C_{x11}(0, \lambda), C_{y1}(0, \lambda))_\circ$$

同时，

$$(C_{\phi 21}(0, \lambda), C_{\phi 22}(0, \lambda), C_{x21}(0, \lambda), C_{x22}(0, \lambda)) \begin{pmatrix} C_5 \\ C_6 \\ C_7 \\ C_8 \end{pmatrix}$$

$$= C \cdot (C_{\phi 11}(0, \lambda), C_{\phi 12}(0, \lambda), C_{x11}(0, \lambda), C_{x12}(0, \lambda))$$

$$\left(\frac{1}{w_1(\lambda)} \begin{pmatrix} -\int_{-1}^0 f(\xi)\Delta_1(\xi, \lambda)d\xi \\ \int_{-1}^0 f(\xi)\Delta_2(\xi, \lambda)d\xi \\ -\int_{-1}^0 f(\xi)\Delta_3(\xi, \lambda)d\xi \\ \int_{-1}^0 f(\xi)\Delta_4(\xi, \lambda)d\xi \end{pmatrix} + \begin{pmatrix} C_1 \\ C_2 \\ C_3 \\ C_4 \end{pmatrix} \right),$$

由式 (5-19) 可得

$$\begin{pmatrix} C_5 \\ C_6 \\ C_7 \\ C_8 \end{pmatrix} = \frac{1}{w_1(\lambda)} \begin{pmatrix} -\int_{-1}^0 f(\xi)\Delta_1(\xi, \lambda)d\xi \\ \int_{-1}^0 f(\xi)\Delta_2(\xi, \lambda)d\xi \\ -\int_{-1}^0 f(\xi)\Delta_3(\xi, \lambda)d\xi \\ \int_{-1}^0 f(\xi)\Delta_4(\xi, \lambda)d\xi \end{pmatrix} + \begin{pmatrix} C_1 \\ C_2 \\ C_3 \\ C_4 \end{pmatrix}_\circ \qquad (5\text{-}36)$$

将 $y_1(x, \lambda)$ 写成如下形式

$$y_1(x, \lambda) = \int_{-1}^{1} K_1(x, \xi, \lambda) f(\xi) d\xi + C_1 \phi_{11}(x, \lambda) + C_2 \phi_{12}(x, \lambda) +$$

$$C_3 X_{11}(x, \lambda) + C_4 X_{12}(x, \lambda), \quad x \in [-1, 0),$$

其中,

$$K_1(x, \xi, \lambda) = \begin{cases} \dfrac{Z_1(x, \xi, \lambda)}{w_1(\lambda)}, & -1 \leqslant \xi \leqslant x \leqslant 0; \\ 0, & -1 \leqslant x \leqslant \xi \leqslant 0; \\ 0, & -1 \leqslant x \leqslant 0, \ 0 \leqslant \xi \leqslant 1_{\circ} \end{cases}$$

且

$$Z_1(x, \xi, \lambda) = \begin{vmatrix} \phi_{11}(\xi, \lambda) & \phi_{12}(\xi, \lambda) & X_{11}(\xi, \lambda) & X_{12}(\xi, \lambda) \\ \phi'_{11}(\xi, \lambda) & \phi'_{12}(\xi, \lambda) & X'_{11}(\xi, \lambda) & X'_{12}(\xi, \lambda) \\ \phi''_{11}(\xi, \lambda) & \phi''_{12}(\xi, \lambda) & X''_{11}(\xi, \lambda) & X''_{12}(\xi, \lambda) \\ \phi_{11}(x, \lambda) & \phi_{12}(x, \lambda) & X_{11}(x, \lambda) & X_{12}(x, \lambda) \end{vmatrix}_{\circ}$$

将式（5-36）代入式（5-35），可得

$$y_2(x, \lambda) = \frac{1}{w_1(\lambda)} \left(-\int_{-1}^{0} \phi_{21}(x, \lambda) f(\xi) \Delta_1(\xi, \lambda) d\xi + \int_{-1}^{0} \phi_{22}(x, \lambda) f(\xi) \Delta_2(\xi, \lambda) d\xi - \right.$$

$$\left. \int_{-1}^{0} x_{21}(x, \lambda) f(\xi) \Delta_3(\xi, \lambda) d\xi + \int_{-1}^{0} x_{22}(x, \lambda) f(\xi) \Delta_4(\xi, \lambda) d\xi \right) +$$

$$\frac{1}{w_2(\lambda)} \left(-\phi_{21}(x, \lambda) \int_{0}^{x} f(\xi) \Delta_5(\xi, \lambda) d\xi + \phi_{22}(x, \lambda) \int_{0}^{x} f(\xi) \Delta_6(\xi, \lambda) d\xi + \right.$$

$$\left. X_{21}(x, \lambda) \int_{0}^{x} f(\xi) \Delta_7(\xi, \lambda) d\xi - X_{22}(x, \lambda) \int_{0}^{x} f(\xi) \Delta_8(\xi, \lambda) d\xi \right) +$$

$$C_1 \phi_{21}(x, \lambda) + C_2 \phi_{22}(x, \lambda) + C_3 X_{21}(x, \lambda) + C_4 X_{22}(x, \lambda), \quad x \in (0, 1]_{\circ}$$

将 $y_2(x, \lambda)$ 写成如下形式

$$y_2(x, \lambda) = \int_{-1}^{1} K_2(x, \xi, \lambda) f(\xi) d\xi + C_1 \phi_{21}(x, \lambda) + C_2 \phi_{22}(x, \lambda) +$$

$$C_3 X_{21}(x, \lambda) + C_4 X_{22}(x, \lambda), \quad x \in (0, 1];$$

其中,

$$K_2(x,\ \xi,\ \lambda) = \begin{cases} \dfrac{Z_2(x,\ \xi,\ \lambda)}{w_1(\lambda)}, & -1 \leqslant \xi \leqslant 0,\ 0 \leqslant x \leqslant 1; \\[3mm] \dfrac{Z_3(x,\ \xi,\ \lambda)}{w_2(\lambda)}, & 0 \leqslant \xi \leqslant x \leqslant 1; \\[3mm] 0, & 0 \leqslant x \leqslant \xi \leqslant 1_\circ \end{cases},$$

$$Z_2(x,\ \xi,\ \lambda) = \begin{vmatrix} \phi_{11}(\xi,\ \lambda) & \phi_{12}(\xi,\ \lambda) & \chi_{11}(\xi,\ \lambda) & \chi_{12}(\xi,\ \lambda) \\ \phi'_{11}(\xi,\ \lambda) & \phi'_{12}(\xi,\ \lambda) & \chi'_{11}(\xi,\ \lambda) & \chi'_{12}(\xi,\ \lambda) \\ \phi''_{11}(\xi,\ \lambda) & \phi''_{12}(\xi,\ \lambda) & \chi''_{11}(\xi,\ \lambda) & \chi''_{12}(\xi,\ \lambda) \\ \phi_{21}(x,\ \lambda) & \phi_{22}(x,\ \lambda) & \chi_{21}(x,\ \lambda) & \chi_{22}(x,\ \lambda) \end{vmatrix},$$

$$Z_3(x,\ \xi,\ \lambda) = \begin{vmatrix} \phi_{21}(\xi,\ \lambda) & \phi_{22}(\xi,\ \lambda) & \chi_{21}(\xi,\ \lambda) & \chi_{22}(\xi,\ \lambda) \\ \phi'_{21}(\xi,\ \lambda) & \phi'_{22}(\xi,\ \lambda) & \chi'_{21}(\xi,\ \lambda) & \chi'_{22}(\xi,\ \lambda) \\ \phi''_{21}(\xi,\ \lambda) & \phi''_{22}(\xi,\ \lambda) & \chi''_{21}(\xi,\ \lambda) & \chi''_{22}(\xi,\ \lambda) \\ \phi_{21}(x,\ \lambda) & \phi_{22}(x,\ \lambda) & \chi_{21}(x,\ \lambda) & \chi_{22}(x,\ \lambda) \end{vmatrix},$$

显然,

$$y(x,\ \lambda) = \begin{cases} y_1(x,\ \lambda),\ x \in [-1,\ 0); \\ y_2(x,\ \lambda),\ x \in (0,\ 1]_\circ \end{cases}$$

是方程 $ly-\lambda y = f$ 满足转移条件的解。将之表示为如下形式

$$y(x,\ \lambda) = \int_{-1}^{1} K(x,\ \xi,\ \lambda)f(\xi)d\xi + C_1\phi_1(x,\ \lambda) + C_2\phi_2(x,\ \lambda) +$$
$$C_3\chi_1(x,\ \lambda) + C_4\chi_2(x,\ \lambda),\ x \in J,$$

其中,

$$K(x,\ \xi,\ \lambda) = \begin{cases} K_1(x,\ \xi,\ \lambda),\ x \in [-1,\ 0); \\ K_2(x,\ \xi,\ \lambda),\ x \in (0,\ 1]_\circ \end{cases}$$

记为

$$U_1(y) = \alpha_1 y(-1) + \alpha_2 y'(-1) + \alpha_3 y''(-1) + \alpha_4 y'''(-1) -$$
$$\lambda(\alpha'_1 y'(-1) + \alpha'_2 y'(-1) + \alpha'_3 y''(-1) + \alpha'_4 y'''(-1)) = h_1,$$

$$U_2(y) = \beta_1 y(-1) + \beta_2 y'(-1) + \beta_3 y''(-1) + \beta_4 y'''(-1) -$$
$$\lambda(\beta'_1 y'(-1) + \beta'_2 y'(-1) + \beta'_3 y''(-1) + \beta'_4 y'''(-1)) = h_2,$$

$$U_3(y) = -(\gamma_1 y(1) + \gamma_2 y'(1) + \gamma_3 y''(1) + \gamma_4 y'''(1)) -$$
$$\lambda(\gamma'_1 y(1) + \gamma'_2 y'(1) + \gamma'_3 y''(1) + \gamma'_4 y'''(1)) = h_3,$$

$$U_4(y) = -(\delta_1 y(1) + \delta_2 y'(1) + \delta_3 y''(1) + \delta_4 y'''(1)) -$$
$$\lambda(\delta_1' y(1) + \delta_2' y'(1) + \delta_3' y''(1) + \delta_4' y'''(1)) = h_4。$$

将 $y(x, \lambda)$ 代入上述条件，可得

$$C_1 U_1(\phi_1(x, \lambda)) + C_2 U_1(\phi_2(x, \lambda)) + C_3 U_1(\chi_1(x, \lambda)) + C_4 U_1(\chi_2(x, \lambda))$$
$$= -\int_{-1}^{1} U_1(K) f(\xi) d\xi + h_1,$$

$$(5-37)$$

$$C_1 U_2(\phi_1(x, \lambda)) + C_2 U_2(\phi_2(x, \lambda)) + C_3 U_2(\chi_1(x, \lambda)) + C_4 U_2(\chi_2(x, \lambda))$$
$$= -\int_{-1}^{1} U_2(K) f(\xi) d\xi + h_2,$$

$$(5-38)$$

$$C_1 U_3(\phi_1(x, \lambda)) + C_2 U_3(\phi_2(x, \lambda)) + C_3 U_3(\chi_1(x, \lambda)) + C_4 U_3(\chi_2(x, \lambda))$$
$$= -\int_{-1}^{1} U_3(K) f(\xi) d\xi + h_3,$$

$$(5-39)$$

$$C_1 U_4(\phi_1(x, \lambda)) + C_2 U_4(\phi_2(x, \lambda)) + C_3 U_4(\chi_1(x, \lambda)) + C_4 U_4(\chi_2(x, \lambda))$$
$$= -\int_{-1}^{1} U_4(K) f(\xi) d\xi + h_4。$$

$$(5-40)$$

关于变量 C_1, C_2, C_3, C_4 的方程组（5-37）-（5-40）的系数行列式为

$$\begin{vmatrix} U_1(\phi_1(x, \lambda)) & U_1(\phi_2(x, \lambda)) & U_1(\chi_1(x, \lambda)) & U_1(\chi_2(x, \lambda)) \\ U_2(\phi_1(x, \lambda)) & U_2(\phi_2(x, \lambda)) & U_2(\chi_1(x, \lambda)) & U_2(\chi_2(x, \lambda)) \\ U_3(\phi_1(x, \lambda)) & U_3(\phi_2(x, \lambda)) & U_3(\chi_1(x, \lambda)) & U_3(\chi_2(x, \lambda)) \\ U_4(\phi_1(x, \lambda)) & U_4(\phi_2(x, \lambda)) & U_4(\chi_1(x, \lambda)) & U_4(\chi_2(x, \lambda)) \end{vmatrix}$$

$$= \det(A_\lambda + B_\lambda \Phi(1, \lambda)) = \Delta(\lambda) \neq 0,$$

因此 C_1, C_2, C_3, C_4 是唯一确定的，且

$$C_1 = \frac{\Delta_1(\lambda) + H_1(\lambda)}{\Delta(\lambda)}, \quad C_2 = \frac{\Delta_2(\lambda) + H_2(\lambda)}{\Delta(\lambda)},$$

$$C_3 = \frac{\Delta_3(\lambda) + H_3(\lambda)}{\Delta(\lambda)}, \quad C_4 = \frac{\Delta_4(\lambda) + H_4(\lambda)}{\Delta(\lambda)},$$

其中，

$$\Delta_1(\lambda)=\begin{vmatrix} -\int_{-1}^{1}U_1(K)f(\xi)d\xi & U_1(\phi_2(x,\lambda)) & U_1(\chi_1(x,\lambda)) & U_1(\chi_2(x,\lambda)) \\ -\int_{-1}^{1}U_2(K)f(\xi)d\xi & U_2(\phi_2(x,\lambda)) & U_2(\chi_1(x,\lambda)) & U_2(\chi_2(x,\lambda)) \\ -\int_{-1}^{1}U_3(K)f(\xi)d\xi & U_3(\phi_2(x,\lambda)) & U_3(\chi_1(x,\lambda)) & U_3(\chi_2(x,\lambda)) \\ -\int_{-1}^{1}U_4(K)f(\xi)d\xi & U_4(\phi_2(x,\lambda)) & U_4(\chi_1(x,\lambda)) & U_4(\chi_2(x,\lambda)) \end{vmatrix},$$

$$H_1(\lambda)=\begin{vmatrix} h_1 & U_1(\phi_2(x,\lambda)) & U_1(\chi_1(x,\lambda)) & U_1(\chi_2(x,\lambda)) \\ h_2 & U_2(\phi_2(x,\lambda)) & U_2(\chi_1(x,\lambda)) & U_2(\chi_2(x,\lambda)) \\ h_3 & U_3(\phi_2(x,\lambda)) & U_3(\chi_1(x,\lambda)) & U_3(\chi_2(x,\lambda)) \\ h_4 & U_4(\phi_2(x,\lambda)) & U_4(\chi_1(x,\lambda)) & U_4(\chi_2(x,\lambda)) \end{vmatrix},$$

由克莱姆法则可求得 $\Delta_2(\lambda)$，$H_2(\lambda)$，$\Delta_3(\lambda)$，$H_3(\lambda)$ 与 $\Delta_4(\lambda)$，$H_4(\lambda)$。将 C_1，C_2，C_3，C_4 代入 $y(x,\lambda)$ 中，可得

$$y(x,\lambda)=\int_{-1}^{1}K(x,\xi,\lambda)f(\xi)d\xi+$$

$$\frac{1}{\Delta(\lambda)}(\Delta_1(\lambda)\phi_1(x,\lambda)+\Delta_2(\lambda)\phi_2(x,\lambda)+\Delta_3(\lambda)\chi_1(x,\lambda)+\Delta_4(\lambda)\chi_2(x,\lambda))+$$

$$\frac{1}{\Delta(\lambda)}(H_1(\lambda)\phi_1(x,\lambda)+H_2(\lambda)\phi_2(x,\lambda)+H_3(\lambda)\chi_1(x,\lambda)+H_4(\lambda)\chi_2(x,\lambda))$$

$$=\int_{-1}^{1}(K(x,\xi,\lambda)+\frac{1}{\Delta(\lambda)}B(x,\xi,\lambda))f(\xi)d\xi-\frac{1}{\Delta(\lambda)}H(x,\xi,\lambda)。$$

将 $y(x,\lambda)$ 表示为如下形式

$$y(x,\lambda)=\int_{-1}^{1}G(x,\xi,\lambda)f(\xi)d\xi-\frac{1}{\Delta(\lambda)}H(x,\xi,\lambda),\quad(5-41)$$

其中，

$$G(x,\xi,\lambda)=K(x,\xi,\lambda)+\frac{1}{\Delta(\lambda)}B(x,\xi,\lambda),\quad(5-42)$$

$$B(x,\xi,\lambda)=$$

$$\begin{vmatrix} U_1(\phi_1(x,\lambda)) & U_1(\phi_2(x,\lambda)) & U_1(\chi_1(x,\lambda)) & U_1(\chi_2(x,\lambda)) & U_1(K) \\ U_2(\phi_1(x,\lambda)) & U_2(\phi_2(x,\lambda)) & U_2(\chi_1(x,\lambda)) & U_2(\chi_2(x,\lambda)) & U_2(K) \\ U_3(\phi_1(x,\lambda)) & U_3(\phi_2(x,\lambda)) & U_3(\chi_1(x,\lambda)) & U_3(\chi_2(x,\lambda)) & U_3(K) \\ U_4(\phi_1(x,\lambda)) & U_4(\phi_2(x,\lambda)) & U_4(\chi_1(x,\lambda)) & U_4(\chi_2(x,\lambda)) & U_4(K) \\ \phi_1(x,\lambda) & \phi_2(x,\lambda) & \chi_1(x,\lambda) & \chi_2(x,\lambda) & 0 \end{vmatrix},$$

$$H(x,\xi,\lambda) =$$

$$\begin{vmatrix} U_1(\phi_1(x,\lambda)) & U_1(\phi_2(x,\lambda)) & U_1(\chi_1(x,\lambda)) & U_1(\chi_2(x,\lambda)) & h_1 \\ U_2(\phi_1(x,\lambda)) & U_2(\phi_2(x,\lambda)) & U_2(\chi_1(x,\lambda)) & U_2(\chi_2(x,\lambda)) & h_2 \\ U_3(\phi_1(x,\lambda)) & U_3(\phi_2(x,\lambda)) & U_3(\chi_1(x,\lambda)) & U_3(\chi_2(x,\lambda)) & h_3 \\ U_4(\phi_1(x,\lambda)) & U_4(\phi_2(x,\lambda)) & U_4(\chi_1(x,\lambda)) & U_4(\chi_2(x,\lambda)) & h_4 \\ \phi_1(x,\lambda) & \phi_2(x,\lambda) & \chi_1(x,\lambda) & \chi_2(x,\lambda) & 0 \end{vmatrix},$$

h_1，h_2，h_3，h_4 的意义参见式（5-28）。

由上面的讨论可知，对任意的 $F = (f, h_1, h_2, h_3, h_4) \in H$，存在唯一的

$$Y = (y, M_1'(y), M_2'(y), N_1'(y), N_2'(y)) \in D(A),$$

使得 $(A - \lambda)Y = F$。

由空间 H 的定义可知，Y 的其他分量完全由它的第一个分量所决定，即求 Y 的本质是求它的第一个分量，且 y 由式（5-41）和式（5-42）所决定。因此，给出如下定义。

定义 5.1 称式（5-42）中的积分核为算子 A 的格林函数。

注 5.2 四个边界条件都带特征参数的情况不同于通常边界条件情况下的格林函数。y 不仅由 $\int_{-1}^{1} G(x,\xi,\lambda) f(\xi) d\xi$ 所确定，而且与 $\frac{1}{\Delta(\lambda)} H(x,\xi,\lambda)$ 有关。

定理 5.4 若 λ 不是对称算子 A 的特征值，则对任意的 $F = (f, h_1, h_2, h_3, h_4) \in H$，方程 $(A - \lambda)Y = F$ 有唯一解 $Y = (y, M_1'(y), M_2'(y), N_1'(y), N_2'(y))$，且

$$y(x,\lambda) = \int_{-1}^{1} G(x,\xi,\lambda) f(\xi) d\xi - \frac{1}{\Delta(\lambda)} H(x,\xi,\lambda)。$$

第❻章
具有转移条件及边界条件带特征
参数的高阶微分算子

前面几章，研究的是边界条件带特征参数的四阶不连续边值问题，包括两个边界条件带特征参数的，四个边界条件带特征参数的情形，同时考虑了特殊的边界条件及一般情形的边界条件，这也为本章的工作奠定了一定的基础。对于一般的 $2n$ 阶微分算子，若 n 个边界条件都带特征参数，且具有转移条件，讨论这样一类微分算子的自共轭性，以及特征函数系的完备性等方面尚有一定的困难，这一章给出一类形式较为特殊的 $2n$ 阶微分表达式，具有转移条件和 n 个带特征参数的边界条件，讨论了由此条件确定的高阶微分算子的自共轭性与特征函数系的完备性问题。

本章的结构如下：6.1 节介绍所考虑的问题，在适当的 Hilbert 空间 H 中构造与特征参数相关的算子 A；6.2 节证明算子 A 在 Hilbert 空间 H 中是自共轭的，且对应于不同特征值的特征函数在所定义内积的意义下是正交的；6.3 节首先构造出微分方程的基本解，证明了问题的特征值恰好与整函数的 $\det \Phi (1, \lambda)$ 的零点是一致的，所考虑问题最多只有可数多个实的特征值，且没有有限值的聚点。6.4 节证明算子 A 只有点谱。

6.1 预备知识

这一章，将研究一类高阶不连续的边值问题。设

$$lu := - (p(x)u^{(n)})^{(n)} + q(x)u = \lambda u, \ x \in J, \tag{6-1}$$

其中，$J = [-1, 0) \cup (0, 1]$，当 $x \in [-1, 0)$ 时，$p(x) = p_1^2$，当 $x \in$

$(0, 1]$ 时，$p(x) = p_2^2$，p_1，p_2 是非零实数；$q(x) \in L^1(J, R)$，$\lambda \in \mathbb{C}$ 是特征参数；

具有边界条件

$$l_i u := a_i u^{(i-1)}(-1) + a_{2n+1-i} u^{(2n-i)}(-1) = 0, \quad i = 1, 2, \cdots, n,$$
(6-2)

带特征参数的边界条件

$$l_{n+i} u := \lambda(b_i' u^{(i-1)}(1) + b_{2n+1-i}' u^{(2n-i)}(1)) + b_i u^{(i-1)}(1) +$$
$$b_{2n+1-i} u^{(2n-i)}(1) = 0, \quad i = 1, 2, \cdots, n,$$
(6-3)

具有转移条件的边界条件

$$l_{2n+i} u := u^{(i-1)}(0+) - \sum_{j=1}^{2n} c_{ij} u^{(j-1)}(0-) = 0, \quad i = 1, 2, \cdots, 2n, \quad (6\text{-}4)$$

其中，a_i，b_i，$b_i'(i = 1, 2, \cdots, 2n)$ 是实数，$C = (c_{ij})$ 是 $2n \times 2n$ 的实矩阵，假设

$$a_{n+i} \neq 0(i = 1, 2, \cdots, n), \quad \det C = \rho^n, \quad \rho > 0, \quad C^T Q C = \rho Q, \quad (6\text{-}5)$$

$$\theta_i = \begin{vmatrix} b_i' & b_{2n+1-i}' \\ b_i & b_{2n+1-i} \end{vmatrix} > 0, \quad i = 1, 2, \cdots, n,$$
(6-6)

Q 是 $2n \times 2n$ 的实矩阵，

$$Q = \begin{pmatrix} & & & & 1 \\ & & & -1 & \\ & & \cdots & & \\ & 1 & & & \\ -1 & & & & \end{pmatrix}。$$

设

$$C_u(x) = (u(x), u'(x), \cdots, u^{(2n-1)}(x))^T。$$
(6-7)

为了研究问题 (6-1) - (6-6)，在 $L^2(J)$ 中定义内积如下

$$\langle f, g \rangle_1 = \frac{1}{p_1^2} \int_{-1}^{0} f_1(x) \overline{g_1(x)} dx + \frac{1}{p_2^2 \rho} \int_{0}^{1} f_2(x) \overline{g_2(x)} dx, \quad \forall f, g \in L^2(J),$$
(6-8)

其中，$f_1(x) = f(x)\big|_{[-1,\,0)}$，$f_2(x) = f(x)\big|_{(0,\,1]}$。易证 $H_1 = (L^2(J),\ \langle\cdot,\ \cdot\rangle_1)$ 是 Hilbert 空间。

6.2　算子 A 的自共轭性

这一部分，在 $H = H_1 \oplus \mathbb{C}^n$ 中介绍一个特殊的 Hilbert 空间，其中，$H_1 = (L^2(J),\ \langle\cdot,\ \cdot\rangle_1)$。定义在这个 Hilbert 空间上的对称线性算子 A，使得对问题（6-1）–（6-4）的研究等同于对这个算子特征值的研究。证明算子 A 不仅仅是对称的，而且是自共轭的。

在 H 中定义内积如下

$$\langle F,\ G\rangle = \langle f,\ g\rangle_1 + \frac{1}{\rho}\sum_{i=1}^{n}(-1)^i\frac{1}{\theta_i}h_i\,\bar{k}_i, \tag{6-9}$$

$$\forall f,\ g \in H_1,\ h_i,\ k_i \in \mathbb{C},\ i = 1,\ 2,\ \cdots,\ n,$$

其中，

$$F = (f,\ h_1,\ h_2,\ \cdots,\ h_n),\ G = (g,\ k_1,\ k_2,\ \cdots,\ k_n) \in H。$$

在 Hilbert 空间 H 中，考虑如下定义的算子 A：

$$D(A) = \{(f,\ h_1,\ h_2,\ \cdots,\ h_n) \subset H \mid f_1^{(i-1)} \in AC_{loc}((-1,\ 0)),$$

$$f_2^{(i-1)} \in AC_{loc}((0,\ 1)),\ i = 1,\ 2,\ \cdots,\ 2n,\ lf \in H_1, \tag{6-10}$$

$$l_jf = 0,\ j = 1,\ 2,\ \cdots,\ n,\ C_f(0+) = C \cdot C_f(0-),$$

$$h_i = b_i'f^{(i-1)}(1) + b_{2n+1-i}'f^{(2n-i)}(1),\ i = 1,\ 2,\ \cdots,\ n\},$$

$$AF = (lf,\ -(b_1f(1) + b_{2n}f^{(2n-1)}(1)),\ -(b_2f'(1) + b_{2n-1}f^{(2n-2)}(1)),$$

$$\cdots,\ -(b_nf^{(n-1)}(1) + b_{n+1}f^{(n)}(1))),$$

$$F = (f,\ b_1'f(1) + b_{2n}'f^{(2n-1)}(1),\ b_2'f'(1) + b_{2n-1}'f^{(2n-2)}(1),$$

$$\cdots,\ b_n'f^{(n-1)} + b_{n+1}'f^{(n)}(1)) \in D(A)。$$

为了方便，对 $\forall F = (f,\ h_1,\ h_2,\ \cdots,\ h_n) \in D(A)$，记

$$M_i(f) = b_if^{(i-1)}(1) + b_{2n+1-i}f^{(2n-i)}(1),\ i = 1,\ 2,\ \cdots,\ n, \tag{6-11}$$

$$M_i'(f) = b_i'f^{(i-1)}(1) + b_{2n+1-i}'f^{(2n-i)}(1),\ i = 1,\ 2,\ \cdots,\ n,$$

因此，由问题（6-1）和边界条件（6-3）可得

$$AF = (lf,\ -M_1(f),\ -M_2(f),\ \cdots,\ -M_n(f))$$

$$= (\lambda f,\ \lambda M'_1(f),\ \lambda M'_2(f),\ \cdots,\ \lambda M'_n(f)) = \lambda F。 \qquad (6\text{-}12)$$

于是，可通过考虑算子方程 $AF = \lambda F$ 来研究问题 $(6\text{-}1) - (6\text{-}6)$。

由式 $(6\text{-}6)$、式 $(6\text{-}11)$ 与式 $(6\text{-}12)$，通过直接计算可得到下面的引理。

引理 6.1 若函数 $f(x)$ 与 $g(x)$ 在区间 $[0,1]$ 上是可微的，则

$$W(f,\ \overline{g};\ 1) = \sum_{i=1}^{n} (-1)^i \frac{1}{\theta_i} M_i(f) M'_i(\overline{g}) - \sum_{i=1}^{n} (-1)^i \frac{1}{\theta_i} M'_i(f) M_i(\overline{g}),$$

其中

$$W(f,\ g;\ x) = f(x)g^{(2n-1)}(x) - f'(x)g^{(2n-2)}(x) + \cdots + (-1)^{n-1}f^{(n-1)}(x)g^{(n)}(x) +$$
$$(-1)^n f^{(n)}(x)g^{(n-1)}(x) + \cdots + f^{(2n-2)}(x)g'(x) - f^{(2n-1)}(x)g(x)$$

$$= \sum_{i=1}^{n} (-1)^{i+1}(f^{(i-1)}(x)g^{(2n-i)}(x) - f^{(2n-i)}(x)g^{(i-1)}(x))$$

$$= C_f^T(x) Q C_g(x)。$$

证明 由式 $(6\text{-}6)$、式 $(6\text{-}11)$ 与式 $(6\text{-}12)$，可得

$$\sum_{i=1}^{n} (-1)^i \frac{1}{\theta_i} M_i(f) M'_i(\overline{g}) - \sum_{i=1}^{n} (-1)^i \frac{1}{\theta_i} M'_i(f) M_i(\overline{g})$$

$$= \sum_{i=1}^{n} (-1)^i \frac{1}{\theta_i}((b_i f^{(i-1)}(1) + b_{2n+1-i} f^{(2n-i)}(1))(b'_i \overline{g}^{(i-1)}(1) + b'_{2n+1-i} \overline{g}^{(2n-i)}(1)) -$$
$$(b'_{i,j} f^{(i-1)}(1) + b'_{2n+1-i} f^{(2n-i)}(1))(b_i \overline{g}^{(i-1)}(1) + b_{2n+1-i} \overline{g}^{(2n-i)}(1)))$$

$$= \sum_{i=1}^{n} (-1)^i \frac{1}{\theta_i}(b_i b'_{2n+1-i} - b'_i b_{2n+1-i})(f^{(i-1)}(1)\overline{g}^{(2n-i)}(1) - f^{(2n-i)}(1)\overline{g}^{(i-1)}(1))$$

$$= \sum_{i=1}^{n} (-1)^{i+1}(f^{(i-1)}(1)\overline{g}^{(2n-i)}(1) - f^{(2n-i)}(1)\overline{g}^{(i-1)}(1))$$

$$= W(f,\ \overline{g};\ 1)。$$

□

引理 6.2 问题 $(6\text{-}1) - (6\text{-}6)$ 的特征值与算子 A 的特征值一致，且特征函数是算子 A 的相应特征函数的第一个分量。

引理 6.3 算子 A 的定义域 $D(A)$ 在 H 中是稠密的。

证明 设 $F = (f,\ h_1,\ h_2,\ \cdots,\ h_n) \in H$，且在 Hilbert 空间 H 中与所有的 $U = (u,\ M'_1(u),\ M'_2(u),\ \cdots,\ M'_n(u)) \in D(A)$ 正交，即

$$\langle F,\ U \rangle = \frac{1}{p_1^2} \int_{-1}^{0} f_1(x) \overline{u_1(x)} dx + \frac{1}{p_2^2 \rho} \int_{0}^{1} f_2(x) \overline{u_2(x)} dx +$$

$$\frac{1}{\rho} \sum_{i=1}^{n} (-1)^i \frac{1}{\theta_i} h_i M_i'(\overline{u})_{\circ} \qquad (6\text{-}13)$$

令 $\widetilde{C_0^\infty}$ 表示定义在区间 $[-1,\ 0) \cup (0,\ 1]$ 上的所有函数构成的集合, 记

$$\phi(x) = \begin{cases} \varphi_1(x),\ x \in [-1,\ 0); \\ \varphi_2(x),\ x \in (0,\ 1]_{\circ} \end{cases},$$

其中, $\varphi_1(x) \in C_0^\infty[-1,\ 0)$, $\varphi_2(x) \in C_0^\infty(0,\ 1]$。通常, 由熟知的结论可知 $C_0^\infty(a,\ b)$ 在 Hilbert 空间 $L^2(a,\ b)$ 中是稠密的, 于是 $\widetilde{C_0^\infty}$ 在 Hilbert 空间 H_1 中是稠密的。因为 $\widetilde{C_0^\infty} \oplus 0^n \subset D(A)(0 \in \mathbb{C})$ 且 $U = (u(x),\ 0,\ \cdots,\ 0) \in \widetilde{C_0^\infty} \oplus 0^n$ 正交于 F, 即

$$\langle F,\ U \rangle = \frac{1}{p_1^2} \int_{-1}^{0} f_1(x) \overline{u_1(x)} dx + \frac{1}{p_2^2 \rho} \int_{0}^{1} f_2(x) \overline{u_2(x)} dx = \langle f,\ u \rangle_1 = 0_{\circ} \qquad (6\text{-}14)$$

所以, 由式 (6-14) 可知, $f(x)$ 正交于 $\widetilde{C_0^\infty}$, 而 $\widetilde{C_0^\infty}$ 在 H_1 中处处稠密, 所以 $f(x)$ 是 H_1 中的平凡元, 在式 (6-13) 中令 $f(x) = 0$, 可得

$$\frac{1}{\rho} \sum_{i=1}^{n} (-1)^i \frac{1}{\theta_i} h_i M_i'(\overline{u}) = 0,$$

对任意的 $u \in H_1$, 使得 $U \in D(A)$。因此, 对于任意的 $G_1 = (g(x),\ M_1'(g), 0,\ \cdots,\ 0) \in D(A)$, 有

$$\langle F,\ G_1 \rangle = \langle f,\ g \rangle_1 + \frac{1}{\rho \theta_1} h_1 M_1'(\overline{g}) = 0,$$

因为 $M_1'(g)$ 是任意的, 所以 $h_1 = 0$。类似地, 可证 $h_2 = h_3 = \cdots = h_n = 0$。所以 $F = (0,\ 0,\ \cdots,\ 0)$ 是 Hilbert 空间 H 中的平凡元。因此, 只有零元素与 $D(A)$ 正交, 所以 $D(A)$ 在 H 中是稠密的。

$\square$

定理 6.1 算子 A 在 H 中是自共轭的。

证明 设 F 与 G 是 $D(A)$ 中的任意元素, 由分部积分法可得

$$\langle AF,\ G \rangle = \langle F,\ AG \rangle + W(f,\ \overline{g};\ 0-) - W(f,\ \overline{g};\ -1) +$$

$$\frac{1}{\rho} W(f,\ \overline{g};\ 1) - \frac{1}{\rho} W(f,\ \overline{g};\ 0+) + \frac{1}{\rho} \sum_{i=1}^{n} (-1)^i \frac{1}{\theta_i} M_i'(f) M_i(\overline{g}) -$$

$$\frac{1}{\rho}\sum_{i=1}^{n}(-1)^{i}\frac{1}{\theta_{i}}M_{i}(f)M'_{i}(\bar{g})_{\circ} \tag{6-15}$$

由于 f 与 g 满足边界条件 (6-2), 且 $a_{n+i}\neq 0(i=1, 2, \cdots, n)$, 因此

$$W(f, \bar{g}; -1)=0_{\circ} \tag{6-16}$$

由转移条件 (6-4) 可得

$$W(f, \bar{g}; 0+)=C_{f}^{T}(0+)QC_{\bar{g}}(0+)=C_{f}^{T}(0-)C^{T}QCC_{\bar{g}}(0-)$$

$$=\rho C_{f}^{T}(0-)QC_{\bar{g}}(0-)=\rho W(f, \bar{g}; 0-)_{\circ} \tag{6-17}$$

其次, 将式 (6-16) 与式 (6-17) 代入式 (6-15), 利用引理 6.1, 可得

$$\langle AF, G\rangle=\langle F, AG\rangle(F, G\in D(A)),$$

所以 A 是对称的。

下面只需要证明: 对任意的 $F=(f(x), M'_{1}(f), M'_{2}(f), \cdots, M'_{n}(f))\in D(A)$, 若 $\langle AF, W\rangle=\langle F, U\rangle$ 成立, 则 $W\in D(A)$ 且 $AW=U$。其中,

$$W=(w(x), h_{1}, h_{2}, \cdots, h_{n}), U=(u(x), k_{1}, k_{2}, \cdots, k_{n}),$$

即

(1) $w_{1}^{(i-1)}\in AC_{loc}((-1,0))$, $w_{2}^{(i-1)}\in AC_{loc}((0,1))$, $i=1, 2, \cdots, 2n$, 且 $lw\in H_{1}$;

(2) $h_{i}=M'_{i}(w)=b'_{i}w^{(i-1)}(1)+b'_{2n+1-i}w^{(2n-i)}(1)$, $i=1, 2, \cdots, n$;

(3) $l_{i}w=a_{i}w^{(i-1)}(-1)+a_{2n+1-i}w^{(2n-i)}(-1)=0$, $i=1, 2, \cdots, n$;

(4) $C_{w}(0+)=C\cdot C_{w}(0-)$;

(5) $u(x)=lw$;

(6) $k_{i}=-M_{i}(w)=-(b_{i}w^{(i-1)}(1)+b_{2n+1-i}w^{(2n-i)}(1))$, $i=1,2,\cdots,n$。

对任意的 $F\in\widetilde{C_{0}^{\infty}}\oplus 0^{n}\subset D(A)$, 由 $\langle AF, W\rangle=\langle F, U\rangle$, 可得

$$\frac{1}{p_{1}^{2}}\int_{-1}^{0}(lf)\bar{w}dx+\frac{1}{p_{2}^{2}\rho}\int_{0}^{1}(lf)\bar{w}dx=\frac{1}{p_{1}^{2}}\int_{-1}^{0}\bar{f}udx+\frac{1}{p_{2}^{2}\rho}\int_{0}^{1}\bar{f}udx,$$

即 $\langle lf, w\rangle_{1}=\langle f, u\rangle_{1}$, 由标准的 Sturm-Liouville 理论可知, (1) 与 (5) 成立。由 (5) 可知, 方程 $\langle AF, W\rangle=\langle F, U\rangle$, $\forall F\in D(A)$ 就成为

$$\frac{1}{p_{1}^{2}}\int_{-1}^{0}(lf)\bar{w}dx+\frac{1}{p_{2}^{2}\rho}\int_{0}^{1}(lf)\bar{w}dx-\frac{1}{\rho}\sum_{i=1}^{n}(-1)^{i}M_{i}(f)\bar{h}_{i}$$

$$= \frac{1}{p_1^2}\int_{-1}^{0} f(l\overline{w})\,dx + \frac{1}{p_2^2 \rho}\int_{0}^{1} f(l\overline{w})\,dx + \frac{1}{\rho}\sum_{i=1}^{n}(-1)^i M_i'(f)\overline{k}_i,$$

所以

$$\langle lf,\ w\rangle_1 = \langle f,\ lw\rangle_1 + \frac{1}{\rho}\sum_{i=1}^{n}(-1)^i\frac{1}{\theta_i}M_i(f)\overline{h}_i + \frac{1}{\rho}\sum_{i=1}^{n}(-1)^i\frac{1}{\theta_i}M_i'(f)\overline{k}_i。$$

而由分部积分法可得

$$\langle lf,\ w\rangle_1 = \frac{1}{p_1^2}\int_{-1}^{0}(lf)\overline{w}\,dx + \frac{1}{p_2^2 \rho}\int_{0}^{1}(lf)\overline{w}\,dx$$

$$= \frac{1}{p_1^2}\int_{-1}^{0}(-p_1^2 f^{(2n)} + q(x)f)\overline{w}\,dx + \frac{1}{p_2^2 \rho}\int_{0}^{1}(-p_2^2 f^{(2n)} + q(x)f)\overline{w}\,dx$$

$$= \frac{1}{p_1^2}\int_{-1}^{0} f(l\overline{w})\,dx + \frac{1}{p_2^2 \rho}\int_{0}^{1} f(l\overline{w})\,dx +$$

$$W(f,\ \overline{w};\ 0-) - W(f,\ \overline{w};\ -1) + \frac{1}{\rho}W(f,\ \overline{w};\ 1) - \frac{1}{\rho}W(f,\ \overline{w};\ 0+)$$

$$= \langle f,\ lw\rangle_1 + W(f,\ \overline{w};\ 0-) - W(f,\ \overline{w};\ -1) + \frac{1}{\rho}W(f,\ \overline{w};\ 1) -$$

$$\frac{1}{\rho}W(f,\ \overline{w};\ 0+),$$

所以，

$$\langle lf,\ w\rangle_1 = \langle f,\ lw\rangle_1 + W(f,\ \overline{w},\ 0-) - W(f,\ \overline{w},\ -1) +$$

$$\frac{1}{\rho}W(f,\ \overline{w},\ 1) - \frac{1}{\rho}W(f,\ \overline{w},\ 0+),$$

因此有

$$\frac{1}{\rho}\sum_{i=1}^{n}(-1)^i\frac{1}{\theta_i}M_i(f)\overline{h}_i + \frac{1}{\rho}\sum_{i=1}^{n}(-1)^i\frac{1}{\theta_i}M_i'(f)\overline{k}_i$$

$$= W(f,\ \overline{w},\ 0-) - W(f,\ \overline{w},\ -1) + \frac{1}{\rho}W(f,\ \overline{w},\ 1) -$$

$$\frac{1}{\rho}W(f,\ \overline{w},\ 0+)。 \tag{6-18}$$

由纳依玛克补缀（Patching）引理，存在 $F \in D(A)$，使得

$$f^{(i-1)}(-1) = f^{(i-1)}(0-) = f^{(i-1)}(0+) = 0,\ i = 1,\ 2,\ \cdots,\ 2n,$$

$$f(1) = -b_{2n}',\ f^{(i)}(1) = 0,\ i = 1,\ 2,\ \cdots,\ 2n-2,\ f^{(2n-1)}(1) = b_1',$$

因此 $M_i'(f) = 0$, $i = 1, 2, \cdots, n$, $M_1(f) = \theta_1$, $M_i(f) = 0$, $i = 2, \cdots, 2n$。由式(6 – 18) 可得 $h_1 = M_1'(w)$。类似地，可以证明 $h_i = M_i'(w)$, $i = 2, \cdots, n$。所以等式 (2) 成立。

类似地，可以证明 (6)。

选取 $F \in D(A)$，使得

$$f^{(i-1)}(0+) = f^{(i-1)}(0-) = f^{(i-1)}(1) = 0, \quad i = 1, 2, \cdots, 2n,$$

$$f(-1) = a_{2n}, \quad f^{(i-1)}(-1) = 0, \quad i = 2, \cdots, 2n-1, \quad f^{(2n-1)}(-1) = -a_1,$$

所以 $M_i(f) = M_i'(f) = 0$, $i = 1, 2, \cdots, n$。由 (6-18) 可得

$$W(f, \overline{w}, -1) = a_1 \overline{w}(-1) + a_{2n} \overline{w}^{(2n-1)}(-1) = 0,$$

即 $l_1 \overline{w} = 0$，所以 $l_1 w = 0$。类似地，可以证明 $l_i w = 0$, $i = 2, \cdots, n$。等式 (3) 成立。

下面选取 $F \in D(A)$，使得

$$f^{(i-1)}(-1) = f^{(i-1)}(1) = 0, \quad i = 1, 2, \cdots, 2n,$$

$$f^{(i-1)}(0+) = 0, \quad i = 1, 2, \cdots, 2n-1, \quad f^{(2n-1)}(0+) = \rho,$$

$$f^{(i-1)}(0-) = (-1)^i c_{1, 2n+1-i}, \quad i = 1, 2, \cdots, 2n,$$

所以 $M_i(f) = M_i'(f) = 0$, $i = 1, 2, \cdots, n$。再由 (6-18) 可得

$$W(f, \overline{w}; 0+) = \rho W(f, \overline{w}; 0-)。$$

而 $C = (c_{ij})$ 是 $2n \times 2n$ 的实矩阵，则 $w(0+) = \sum_{i=1}^{2n} c_{1i} w^{(i-1)}(0-)$。利用同样的方法，可以证明

$$w^{(k-1)}(0+) = \sum_{i=1}^{2n} c_{ki} w^{(i-1)}(0-), \quad k = 2, 3, \cdots, 2n,$$

即 $C_w(0+) = C \cdot C_w(0-)$。等式 (4) 成立。

综上可知，A 是自共轭算子。 □

由自共轭算子的性质可知：

推论6.1 问题 (6-1) – (6-6) 的特征值都是实的。

推论6.2 设 λ_1 与 λ_2 是问题(6 – 1) – (6 – 6) 的两个不同特征值，则对应的特征函数 $f(x)$ 与 $g(x)$ 在下述意义下是正交的

$$\frac{1}{p_1^2} \int_{-1}^{0} f \overline{g} \, dx + \frac{1}{p_2^2} \rho \int_{0}^{1} f \overline{g} \, dx +$$

自共轭性与耗散性及其谱分析

——几类内部具有不连续性的高阶微分算子

$$\frac{1}{\rho} \sum_{i=1}^{n} (-1)^i \frac{1}{\theta_i} (b_i' f^{(i-1)}(1) + b_{2n+1-i}' f^{(2n-i)}(1))$$

$$(b_i' \overline{g}^{(i-1)}(1) + b_{2n+1-i}' \overline{g}^{(2n-i)}(1)) = 0。$$

因此，在 Hilbert 空间 H 中，问题（6-1）-（6-6）对应于不同特征值的特征函数在通常的意义下是不正交的。

6.3　特征值的充要条件

根据常微分方程理论中解的存在唯一性定理，将定义方程（6-1）在区间 $J = [-1, 0) \cup (0, 1]$ 上的两组基本解 $\phi_1(x, \lambda)$，$\phi_2(x, \lambda)$，$\cdots$，$\phi_n(x, \lambda)$ 与 $\chi_1(x, \lambda)$，$\chi_2(x, \lambda)$，$\cdots$，$\chi_n(x, \lambda)$。

设 $\phi_{11}(x, \lambda)$，$\phi_{12}(x, \lambda)$，$\cdots$，$\phi_{1n}(x, \lambda)$ 与 $\chi_{11}(x, \lambda)$，$\chi_{12}(x, \lambda)$，$\cdots$，$\chi_{1n}(x, \lambda)$ 是方程（6-1）在区间 $[-1, 0)$ 上的解，满足初始条件

$$(C_{\phi 11}, C_{\phi 12}, \cdots, C_{\phi 1n}, C_{\chi 11}, C_{\chi 12}, \cdots C_{\chi 1n})(-1, \lambda)$$

$$= \begin{pmatrix} a_{2n} & 0 & \cdots & 0 & 0 & \cdots & 0 & 0 \\ 0 & a_{2n-1} & \cdots & 0 & 0 & \cdots & 0 & 0 \\ \cdots & \cdots & \cdots & \cdots & \cdots & \cdots & \cdots & \cdots \\ 0 & 0 & \cdots & a_{n+1} & 0 & \cdots & 0 & 0 \\ 0 & 0 & \cdots & -a_n & 1 & \cdots & 0 & 0 \\ 0 & -a_2 & \cdots & 0 & 0 & \cdots & 1 & 0 \\ -a_1 & 0 & \cdots & 0 & 0 & \cdots & 0 & 1 \end{pmatrix}。 \tag{6-19}$$

设 $\phi_{21}(x, \lambda)$，$\phi_{22}(x, \lambda)$，$\cdots$，$\phi_{2n}(x, \lambda)$，$\chi_{21}(x, \lambda)$，$\chi_{22}(x, \lambda)$，$\cdots$，$\chi_{2n}(x, \lambda)$ 是方程（6-1）的解，满足初始条件

$$(C_{\phi 21}, C_{\phi 22}, \cdots, C_{\phi 2n}, C_{\chi 21}, C_{\chi 22}, \cdots, C_{\chi 2n})(0, \lambda)$$

$$= C \cdot (C_{\phi 11}, C_{\phi 12}, \cdots, C_{\phi 1n}, C_{\chi 11}, C_{\chi 12}, \cdots, C_{\chi 1n})(0, \lambda)。 \tag{6-20}$$

解的 Wronskian 行列式 $W(\phi_{i1}, \cdots, \phi_{in}, \chi_{i1}, \cdots, \chi_{in})(x, \lambda)$（$i = 1, 2$）独立于变量 x，且是关于 λ 的整函数。记

$$w_i(\lambda) = W(\phi_{i1}, \cdots, \phi_{in}, \chi_{i1}, \cdots, \chi_{in})(x, \lambda)(i = 1, 2)。$$

· 84 ·

因为 $w_i(\lambda)$ 独立于变量 x，由式（6-19）和式（6-20）可得

$$w_1(\lambda) = W(\phi_{11}, \phi_{12}, \cdots, \phi_{1n}, \chi_{11}, \chi_{12}, \cdots, \chi_{1n})(x, \lambda)$$
$$= \det(C_{\phi 11}, C_{\phi 12}, \cdots, C_{\phi 1n}, C_{\chi 11}, C_{\chi 12}, \cdots, C_{\chi 1n})(x, \lambda)$$
$$= \det(C_{\phi 11}, C_{\phi 12}, \cdots, C_{\phi 1n}, C_{\chi 11}, C_{\chi 12}, \cdots, C_{\chi 1n})(-1, \lambda)$$
$$= a_{n+1}a_{n+2}\cdots a_{2n} \neq 0, \tag{6-21}$$

$$w_2(\lambda) = W(\phi_{21}, \phi_{22}, \cdots, \phi_{2n}, \chi_{21}, \chi_{22}, \cdots, \chi_{2n})(x, \lambda)$$
$$= \det(C_{\phi 21}, C_{\phi 22}, \cdots, C_{\phi 2n}, C_{\chi 21}, C_{\chi 22}, \cdots, C_{\chi 2n})(x, \lambda)$$
$$= \det(C_{\phi 21}, C_{\phi 22}, \cdots, C_{\phi 2n}, C_{\chi 21}, C_{\chi 22}, \cdots, C_{\chi 2n})(0, \lambda)$$
$$= \det(C \cdot (C_{\phi 11}, C_{\phi 12}, \cdots, C_{\phi 1n}, C_{\chi 11}, C_{\chi 12}, \cdots, C_{\chi 1n})(0, \lambda))$$
$$= (\det C)w_1(\lambda) = \rho^n w_1(\lambda) \neq 0_\circ \tag{6-22}$$

因此，函数 $\phi_{21}(x, \lambda)$，$\phi_{22}(x, \lambda)$，$\cdots$，$\phi_{2n}(x, \lambda)$ 与 $\chi_{21}(x, \lambda)$，$\chi_{22}(x, \lambda)$，$\cdots$，$\chi_{2n}(x, \lambda)$ 在区间（0，1]上是线性无关的。

设

$$\phi_1(x, \lambda) = \begin{cases} \phi_{11}(x, \lambda), & x \in [-1, 0); \\ \phi_{21}(x, \lambda), & x \in (0, 1]_\circ \end{cases},$$

$$\phi_2(x, \lambda) = \begin{cases} \phi_{12}(x, \lambda), & x \in [-1, 0); \\ \phi_{22}(x, \lambda), & x \in (0, 1]_\circ \end{cases},$$

$$\cdots$$

$$\phi_n(x, \lambda) = \begin{cases} \phi_{1n}(x, \lambda), & x \in [-1, 0); \\ \phi_{2n}(x, \lambda), & x \in (0, 1]_\circ \end{cases},$$

$$\chi_1(x, \lambda) = \begin{cases} \chi_{11}(x, \lambda), & x \in [-1, 0); \\ \chi_{21}(x, \lambda), & x \in (0, 1]_\circ \end{cases},$$

$$\chi_2(x, \lambda) = \begin{cases} \chi_{12}(x, \lambda), & x \in [-1, 0); \\ \chi_{22}(x, \lambda), & x \in (0, 1]_\circ \end{cases},$$

$$\cdots$$

$$\chi_n(x, \lambda) = \begin{cases} \chi_{1n}(x, \lambda), & x \in [-1, 0); \\ \chi_{2n}(x, \lambda), & x \in (0, 1]_\circ \end{cases},$$

且 $\phi_1(x, \lambda)$，$\phi_2(x, \lambda)$，$\cdots$，$\phi_n(x, \lambda)$ 与 $\chi_1(x, \lambda)$，$\chi_2(x, \lambda)$，$\cdots$，$\chi_n(x, \lambda)$ 满足边界条件（6-2）与转移条件（6-4）。它们独立于变量 x，是关于 λ 的整函数。

引理 6.4 下面的行列式等于 $w_1(\lambda)$ 或 $-w_1(\lambda)$，即

$$\begin{vmatrix} l_1 X_{11} & l_1 X_{12} & \cdots & l_1 X_{1n} \\ l_2 X_{11} & l_2 X_{12} & \cdots & l_2 X_{1n} \\ \cdots & \cdots & \cdots & \cdots \\ l_n X_{11} & l_n X_{12} & \cdots & l_n X_{1n} \end{vmatrix} = w_1(\lambda)，\text{或} = -w_1(\lambda)，$$

若 $n = 1，4，5，8，9，\cdots$，则行列式的值为 $w_1(\lambda)$；若 $n=2，3，6，7，\cdots$，则行列式的值为 $-w_1(\lambda)$。

其中，

$$l_1 X_{1i} = a_1 X_{1i}(-1，\lambda) + a_{2n} X_{1i}^{(2n-1)}(-1，\lambda)，\quad i = 1，2，\cdots，n，$$

$$l_2 X_{1i} = a_2 X_{1i}'(-1，\lambda) + a_{2n-1} X_{1i}^{(2n-2)}(-1，\lambda)，\quad i = 1，2，\cdots，n，$$

$$\cdots\cdots$$

$$l_n X_{1i} = a_n X_{1i}^{(n-1)}(-1，\lambda) + a_{n+1} X_{1i}^{(n)}(-1，\lambda)，\quad i = 1，2，\cdots，n。$$

证明 由式 (6-19)，可得

$$\begin{vmatrix} l_1 X_{11} & l_1 X_{12} & \cdots & l_1 X_{1n} \\ l_2 X_{11} & l_2 X_{12} & \cdots & l_2 X_{1n} \\ \cdots & \cdots & \cdots & \cdots \\ l_n X_{11} & l_n X_{12} & \cdots & l_n X_{1n} \end{vmatrix}$$

$$= \begin{vmatrix} a_1 X_{11} + a_{2n} X_{11}^{(2n-1)} & a_1 X_{12} + a_{2n} X_{12}^{(2n-1)} & \cdots & a_1 X_{1n} + a_{2n} X_{1n}^{(2n-1)} \\ a_2 X_{11}' + a_{2n-1} X_{11}^{(2n-2)} & a_2 X_{12}' + a_{2n-1} X_{12}^{(2n-2)} & \cdots & a_2 X_{1n}' + a_{2n-1} X_{1n}^{(2n-2)} \\ \cdots & \cdots & \cdots & \cdots \\ a_n X_{11}^{(n-1)} + a_{n+1} X_{11}^{(n)} & a_n X_{12}^{(n-1)} + a_{n+1} X_{12}^{(n)} & \cdots & a_n X_{1n}^{(n-1)} + a_{n+1} X_{1n}^{(n)} \end{vmatrix}$$

$$= \begin{vmatrix} 0 & \cdots & 0 & a_{2n} \\ 0 & \cdots & a_{2n-1} & 0 \\ \cdots & \cdots & \cdots & \cdots \\ a_{n+1} & \cdots & 0 & 0 \end{vmatrix}$$

$= a_{n+1} a_{n+2} \cdots a_{2n}$，或 $= -a_{n+1} a_{n+2} \cdots a_{2n}$，

所以，当 $n = 1，4，5，8，9，\cdots$ 时，值为 $a_{n+1} a_{n+2} \cdots a_{2n}$，即 $w_1(\lambda)$；当 $n = 2，3，6，7，\cdots$ 时，值为 $-a_{n+1} a_{n+2} \cdots a_{2n}$，即 $-w_1(\lambda)$。引理得证。

引理 6.5 设

$$u(x) = \begin{cases} u_1(x), & x \in [-1, 0); \\ u_2(x), & x \in (0, 1]。 \end{cases}$$

是方程 $ly = \lambda y$ 的任意解，可以表示为：

$$u(x) = \begin{cases} d_1\phi_{11} + \cdots + d_n\phi_{1n} + d_{n+1}\chi_{11} + \cdots + d_{2n}\chi_{1n}, & x \in [-1, 0); \\ d_{2n+1}\phi_{21} + \cdots + d_{3n}\phi_{2n} + d_{3n+1}\chi_{21} + \cdots + d_{4n}\chi_{2n}, & x \in (0, 1]。 \end{cases}$$

其中，$d_i \in \mathbb{C}$ $(i = 1, 2, \cdots, 4n)$。若 $u(x)$ 满足转移条件 (6-4)，则 $d_1 = d_{2n+1}$，$d_2 = d_{2n+2}$，$\cdots$，$d_{2n} = d_{4n}$。

证明 将 $u(x)$ 表示为如下形式

$$u(x) = \begin{cases} d_1\phi_{11} + \cdots + d_n\phi_{1n} + d_{n+1}\chi_{11} + \cdots + d_{2n}\chi_{1n}, & x \in [-1, 0), \\ d_{2n+1}\phi_{21} + \cdots + d_{3n}\phi_{2n} + d_{3n+1}\chi_{21} + \cdots + d_{4n}\chi_{2n}, & x \in (0, 1]; \end{cases}$$

将转移条件 (6-4) 代入 $u(x)$ 的表达式。因为

$$u^{(i-1)}(0+) = \sum_{j=1}^{2n} c_{ij}u^{(j-1)}(0-), \quad i = 1, 2, \cdots, 2n,$$

即

$$C_u(0+) = C \cdot C_u(0-),$$

所以

$$\begin{pmatrix} d_{2n+1}\phi_{21} + \cdots + d_{3n}\phi_{2n} + d_{3n+1}\chi_{21} + \cdots + d_{4n}\chi_{2n} \\ d_{2n+1}\phi'_{21} + \cdots + d_{3n}\phi'_{2n} + d_{3n+1}\chi'_{21} + \cdots + d_{4n}\chi'_{2n} \\ \cdots \\ d_{2n+1}\phi_{21}^{(2n-1)} + \cdots + d_{3n}\phi_{2n}^{(2n-1)} + d_{3n+1}\chi_{21}^{(2n-1)} + \cdots + d_{4n}\chi_{2n}^{(2n-1)} \end{pmatrix}(0, \lambda)$$

$$= C\begin{pmatrix} d_1\phi_{11} + \cdots + d_n\phi_{1n} + d_{n+1}\chi_{11} + \cdots + d_{2n}\chi_{1n} \\ d_1\phi'_{11} + \cdots + d_n\phi'_{1n} + d_{n+1}\chi'_{11} + \cdots + d_{2n}\chi'_{1n} \\ \cdots \\ d_1\phi_{11}^{(2n-1)} + \cdots + d_n\phi_{1n}^{(2n-1)} + d_{n+1}\chi_{11}^{(2n-1)} + \cdots + d_{2n}\chi_{1n}^{(2n-1)} \end{pmatrix}(0, \lambda),$$

将之写成如下的形式

$$(C_{\phi 21}, C_{\phi 22}, \cdots, C_{\phi 2n}, C_{\chi 21}, C_{\chi 22}, \cdots, C_{\chi 2n})(0, \lambda)(d_{2n+1}, d_{2n+2}, \cdots, d_{4n})^T$$
$$= C \cdot (C_{\phi 11}, C_{\phi 12}, \cdots, C_{\phi 1n}, C_{\chi 11}, C_{\chi 12}, \cdots, C_{\chi 1n})(0, \lambda)(d_1, d_2, \cdots, d_{2n})^T,$$

将函数 $\phi_{21}(x, \lambda), \cdots, \phi_{2n}(x, \lambda)$ 与 $\chi_{21}(x, \lambda), \cdots, \chi_{2n}(x, \lambda)$ 的初始条件

(6-20) 代入上式有

$$C \cdot (C_{\phi 11}, C_{\phi 12}, \cdots, C_{\phi 1n}, C_{\chi 11}, C_{\chi 12}, \cdots, C_{\chi 1n})(0, \lambda)(d_{2n+1}, d_{2n+2}, \cdots, d_{4n})^T$$
$$= C \cdot (C_{\phi 11}, C_{\phi 12}, \cdots, C_{\phi 1n}, C_{\chi 11}, C_{\chi 12}, \cdots, C_{\chi 1n})(0, \lambda)(d_1, d_2, \cdots, d_{2n})^T。$$

所以

$$C \cdot (C_{\phi 11}, C_{\phi 12}, \cdots, C_{\phi 1n}, C_{\chi 11}, C_{\chi 12}, \cdots, C_{\chi 1n})(0, \lambda) \begin{pmatrix} d_{2n+1} - d_1 \\ d_{2n+2} - d_2 \\ \cdots \\ d_{4n} - d_{2n} \end{pmatrix} = 0。$$

$$(6-23)$$

由于

$$\det(C(C_{\phi 11}, C_{\phi 12}, \cdots, C_{\phi 1n}, C_{\chi 11}, C_{\chi 12}, \cdots, C_{\chi 1n})(0, \lambda)) = \rho^n w_1(\lambda) \neq 0,$$

所以方程 (6-23) 只有零解, 则 $d_1 = d_{2n+1}, d_2 = d_{2n+2}, \cdots, d_{2n} = d_{4n}$。

□

为了方便, 令

$$B_\lambda = \begin{pmatrix} \lambda b_1' + b_1 & \cdots & 0 & 0 & \cdots & \lambda b_{2n}' + b_{2n} \\ 0 & \cdots & 0 & 0 & \cdots & 0 \\ \cdots & \cdots & \cdots & \cdots & \cdots & \cdots \\ 0 & \cdots & \lambda b_n' + b_n & \lambda b_{n+1}' + b_{n+1} & \cdots & 0 \end{pmatrix},$$

$$\det\Phi(1, \lambda) = \begin{vmatrix} l_{n+1}\phi_{21} & l_{n+1}\phi_{22} & \cdots & l_{n+1}\phi_{2n} \\ l_{n+2}\phi_{21} & l_{n+2}\phi_{22} & \cdots & l_{n+2}\phi_{2n} \\ \cdots & \cdots & \cdots & \cdots \\ l_{2n}\phi_{21} & l_{2n}\phi_{22} & \cdots & l_{2n}\phi_{2n} \end{vmatrix},$$

因此

$$\det\Phi(1, \lambda) = \det(B_\lambda \cdot (C_{\phi 21}, C_{\phi 22}, \cdots, C_{\phi 2n})(1, \lambda)),$$

其中,

$$l_{n+1}\phi_{2i} = (\lambda b_1' + b_1)\phi_{2i}(1, \lambda) + (\lambda b_{2n}' + b_{2n})\phi_{2i}^{(2n-1)}(1, \lambda),$$
$$i = 1, 2, \cdots, n,$$
$$l_{n+2}\phi_{2i} = (\lambda b_2' + b_2)\phi_{2i}'(1, \lambda) + (\lambda b_{2n-1}' + b_{2n-1})\phi_{2i}^{(2n-2)}(1, \lambda),$$
$$i = 1, 2, \cdots, n,$$

$$\cdots$$

$$l_{2n}\phi_{2i} = (\lambda b'_n + b_n)\phi_{2i}^{(n-1)}(1, \lambda) + (\lambda b'_{n+1} + b_{n+1})\phi_{2i}^{(n)}(1, \lambda),$$
$$i = 1, 2, \cdots, n_{\circ}$$

定理 6.2 问题（6-1）-（6-6）的特征值恰好是整函数 $\det\Phi$（1, λ）的零点。

证明 设 λ_0 是问题（6-1）-（6-6）的特征值，$u_0(x)$ 是对应的特征函数。则只需证明 $\det\Phi$（1, λ_0）= 0。否则，$\det\Phi$（1, λ_0）≠ 0。由（6-21）与（6-22）可知 $w_1(\lambda_0) \neq 0$，且 $w_2(\lambda_0) \neq 0$。因此，函数 $\phi_{11}(x, \lambda_0)$，$\cdots$，$\phi_{1n}(x, \lambda_0)$，$\chi_{11}(x, \lambda_0)$，$\cdots$，$\chi_{1n}(x, \lambda_0)$ 与 $\phi_{21}(x, \lambda_0)$，$\cdots$，$\phi_{2n}(x, \lambda_0)$，$\chi_{21}(x, \lambda_0)$，$\cdots$，$\chi_{2n}(x, \lambda_0)$ 在区间 $[-1, 0)$ 与 $(0, 1]$ 分别是线性无关的。因此，特征函数 $u_0(x)$ 能够表示成如下形式

$$u_0(x) =$$
$$\begin{cases} (d_1\phi_{11} + \cdots + d_n\phi_{1n} + d_{n+1}\chi_{11} + \cdots + d_{2n}\chi_{1n})(x, \lambda_0), & x \in [-1, 0); \\ (d_{2n+1}\phi_{21} + \cdots + d_{3n}\phi_{2n} + d_{3n+1}\chi_{11} + \cdots + d_{4n}\chi_{2n})(x, \lambda_0), & x \in (0, 1]_{\circ} \end{cases},$$

其中，d_1，d_2，$\cdots$，d_{4n} 中至少有一个是非零的。将此表达式代入问题（6-1）-（6-6），可得关于变量 d_1，d_2，$\cdots$，d_{4n} 的齐次线性方程组。所考虑的方程组为

$$l_k(u_0(x)) = 0, \quad k = 1, 2, \cdots, 4n_{\circ} \tag{6-24}$$

事实上，

$$l_i u_0 = \sum_{k=1}^{n} d_{n+k}(a_i\chi_{1k}^{(i-1)}(-1) + a_{2n+1-i}\chi_{1k}^{(2n-i)}(-1)) = 0,$$
$$i = 1, 2, \cdots, n,$$

$$l_{n+i} u_0 = \sum_{k=1}^{n} d_{2n+k}((\lambda_0 b'_i + b_i)\phi_{2k}^{(i-1)}(1) + (\lambda_0 b'_{2n+1-i} + b_{2n+1-i})\phi_{2k}^{(2n-i)}(1)) +$$
$$\sum_{k=1}^{n} d_{3n+k}((\lambda_0 b'_i + b_i)\chi_{2k}^{(i-1)}(1) + (\lambda_0 b'_{2n+1-i} + b_{2n+1-i})\chi_{2k}^{(2n-i)}(1)) = 0,$$
$$i = 1, 2, \cdots, n,$$

$$l_{2n+i} u_0 = -\sum_{k=1}^{n} d_k\phi_{2k}^{(i-1)}(0) - \sum_{k=1}^{n} d_{n+k}\chi_{2k}^{(i-1)}(0) + \sum_{k=1}^{n} d_{2n+k}\phi_{2k}^{(i-1)}(0) +$$
$$\sum_{k=1}^{n} d_{3n+k}\chi_{2k}^{(i-1)}(0), \quad i = 1, 2, \cdots, 2n_{\circ}$$

由引理 6.4 可知，方程组的系数行列式为

$$(-1)^{n^2} w_1(\lambda_0) w_2(\lambda_0) \det\Phi(1, \lambda_0) \neq 0,$$

或者为

$$(-1)^{n^2+1} w_1(\lambda_0) w_2(\lambda_0) \det\Phi(1, \lambda_0) \neq 0,$$

其中，

$$l_{n+1} \chi_{2i} = (\lambda b'_1 + b_1) \chi_{2i}(1, \lambda) + (\lambda b'_{2n} + b_{2n}) \chi_{2i}^{(2n-1)}(1, \lambda),$$
$$i = 1, 2, \cdots, n,$$

$$l_{n+2} \chi_{2i} = (\lambda b'_2 + b_2) \chi'_{2i}(1, \lambda) + (\lambda b'_{2n-1} + b_{2n-1}) \chi_{2i}^{(2n-2)}(1, \lambda),$$
$$i = 1, 2, \cdots, n,$$

$$\cdots$$

$$l_{2n} \chi_{2i} = (\lambda b'_n + b_n) \chi_{2i}^{(n-1)}(1, \lambda) + (\lambda b'_{n+1} + b_{n+1}) \chi_{2i}^{(n)}(1, \lambda),$$
$$i = 1, 2, \cdots, n,$$

$$\phi_{2k}^{(i-1)} = \phi_{2k}^{(i-1)}(0), \quad \chi_{2k}^{(i-1)} = \chi_{2k}^{(i-1)}(0), \quad k = 1, 2, \cdots, n,$$
$$i = 1, 2, \cdots, 2n_{\circ}$$

因此，方程组 (6-24) 只有零解 $d_1 = d_2 = \cdots = d_{4n} = 0$。矛盾。

相反地，若 $\det\Phi(1, \lambda_0) = 0$，则关于变量 $c_1, c_2, \cdots, c_{2n}$ 的齐次线性方程组，

$$\Phi(1, \lambda_0)(c_1, c_2, \cdots, c_{2n})^T = 0$$

有非零解 $(c'_1, c'_2, \cdots, c'_{2n})^T$。由引理 6.5，令

$$y(x) = \begin{cases} (c'_1\phi_{11} + \cdots + c'_n\phi_{1n} + c'_{n+1}\chi_{11} + \cdots + \\ c'_{2n}\chi_{1n})(x, \lambda), \quad x \in [-1, 0); \\ (c'_1\phi_{21} + \cdots + c'_n\phi_{2n} + c'_{n+1}\chi_{21} + \cdots + \\ c'_{2n}\chi_{2n})(x, \lambda), \quad x \in (0, 1]_{\circ} \end{cases}$$

则 $y(x)$ 是方程 $l(y) = \lambda_0 y$ 的非零解，满足条件 (6-3) - (6-4)。所以 λ_0 是问题 (6-1) - (6-6) 的特征值。定理得证。

□

推论 6.3 问题 (6-1) - (6-6) 最多只有可数多个实的特征值，且没有有限值的聚点。

6.4　特征函数的完备性

这一部分，根据 Hilbert 空间 H 与新算子 A，研究问题（6-1）-（6-6），可以得到下面的结论。

定理 6.3　算子 A 只有点谱，即 $\sigma(A) = \sigma_p(A)$。

证明　设 $\gamma \overline{\in} \sigma_p(A)$。只需证明 $\gamma \in \rho(A)$。由于 A 是自共轭的，所以只考虑实数 γ。研究方程 $(A - \gamma)Y = F$，其中 $F = (f, h_1, \cdots, h_n) \in H$，$\gamma \in \mathbb{R}$。

考虑下面的问题

$$
\begin{cases}
ly - \gamma y = f, \ x \in [-1, 0) \cup (0, 1]; \\
l_i y = a_i y^{(i-1)}(-1) + a_{2n+1-i} y^{(2n-i)}(-1) = 0, \ i = 1, 2, \cdots, n; \\
l_{2n+i} y = y^{(i-1)}(0+) - \displaystyle\sum_{j=1}^{2n} c_{ij} y^{(j-1)}(0-) = 0, \ i = 1, 2, \cdots, 2n。
\end{cases}
$$

$$(6\text{-}25)$$

与方程

$$M_i(y) + \gamma M_i'(y) = -h_i, \ i = 1, 2, \cdots, n \qquad (6\text{-}26)$$

两部分。

设 $u(x)$ 是方程 $lu - \gamma u = 0$ 的解，满足

$$u^{(i-1)}(-1) = a_{2n+1-i}, \ u^{(2n-i)}(-1) = -a_i, \ i = 1, 2, \cdots, n,$$

$$u^{(i-1)}(0+) = \sum_{j=1}^{2n} c_{ij} u^{(j-1)}(0-), \ i = 1, 2, \cdots, 2n。$$

事实上，

$$u(x) = \begin{cases} u_1(x), \ x \in [-1, 0); \\ u_2(x), \ x \in (0, 1]。 \end{cases},$$

其中，$u_1(x)$ 是边值问题

$$
\begin{cases}
-p_1^2 u^{(2n)}(x) + q(x)u(x) = \gamma u(x), \ x \in [-1, 0); \\
u^{(i-1)}(-1) = a_{2n+1-i}, \ u^{(2n-i)}(-1) = -a_i, \ i = 1, 2, \cdots, n。
\end{cases}
$$

的唯一解，且 $u_2(x)$ 是边值问题

$$\begin{cases} -p_2^2 u^{(2n)}(x) + q(x)u(x) = \gamma u(x), \ x \in (0,\ 1]; \\ u^{(i-1)}(0+) = \sum_{j=1}^{2n} c_{ij} u^{(j-1)}(0-), \ i = 1,\ 2,\ \cdots,\ 2n_{\circ} \end{cases}$$

的唯一解。

设

$$w(x) = \begin{cases} w_1(x), \ x \in [-1,\ 0); \\ w_2(x), \ x \in (0,\ 1]_{\circ} \end{cases}$$

是方程 $lw - \gamma w = f$ 的一个特解，满足

$$\begin{cases} a_i w^{(i-1)}(-1) + a_{2n+1-i} w^{(2n-i)}(-1) = 0; \\ w^{(i-1)}(0+) = \sum_{j=1}^{2n} c_{ij} w^{(j-1)}(0-), \ i = 1,\ 2,\ \cdots,\ 2n_{\circ} \end{cases}$$

由引理 6.5 可知，问题（6-25）的通解如下

$$y(x) = \begin{cases} (d_1\phi_{11} + \cdots + d_n\phi_{1n} + d_{n+1}\chi_{11} + \cdots + d_{2n}\chi_{1n})(x,\ \gamma) + w_1(x), \\ x \in [-1,\ 0); \\ (d_1\phi_{21} + \cdots + d_n\phi_{2n} + d_{n+1}\chi_{21} + \cdots + d_{2n}\chi_{2n})(x,\ \gamma) + w_2(x), \\ x \in (0,\ 1]_{\circ} \end{cases}$$

$$(6\text{-}27)$$

其中，$d_i \in \mathbb{C}$ $(i = 1,\ 2,\ \cdots,\ 2n)_{\circ}$

因为 γ 不是问题（6-1）-（6-6）的特征值，则表达式（6-28）中至少有一个是非零的，

$$\gamma(b'_i u^{(i-1)}(1) + b'_{2n+1-i} u^{(2n-i)}(1)) + b_i u^{(i-1)}(1) + b_{2n+1-i} u^{(2n-i)}(1),$$

$$i = 1,\ 2,\ \cdots,\ n_{\circ} \tag{6-28}$$

方程 $(A - \gamma)Y = F$ 的第二，第三，$\cdots$，第 n 个分量涉及方程（6-26），即

$$(b_i y^{(i-1)}(1) + b_{2n+1-i} y^{(2n-i)}(1)) + \gamma(b'_i y^{(i-1)}(1) + b'_{2n+1-i} y^{(2n-i)}(1))$$

$$= -h_i, \ i = 1,\ 2,\ \cdots,\ n_{\circ} \tag{6-29}$$

将式（6-27）代入式（6-29）中，可得

$$(b_i \phi_{21}^{(i-1)}(1) + b_{2n+1-i} \phi_{21}^{(2n-i)}(1) + \gamma(b'_i \phi_{21}^{(i-1)}(1) + b'_{2n+1-i} \phi_{21}^{(2n-i)}(1)))d_1 +$$

$$(b_i \phi_{22}^{(i-1)}(1) + b_{2n+1-i} \phi_{22}^{(2n-i)}(1) + \gamma(b'_i \phi_{22}^{(i-1)}(1) + b'_{2n+1-i} \phi_{22}^{(2n-i)}(1)))d_2 + \cdots +$$

$$(b_i \phi_{2n}^{(i-1)}(1) + b_{2n+1-i} \phi_{2n}^{(2n-i)}(1) + \gamma(b'_i \phi_{2n}^{(i-1)}(1) + b'_{2n+1-i} \phi_{2n}^{(2n-i)}(1)))d_n +$$

$$\begin{aligned}
& (b_i \chi_{21}^{(i-1)}(1) + b_{2n+1-i}\chi_{21}^{(2n-i)}(1) + \gamma(b_i'\chi_{21}^{(i-1)}(1) + b_{2n+1-i}'\chi_{21}^{(2n-i)}(1)))d_{n+1} + \\
& (b_i \chi_{22}^{(i-1)}(1) + b_{2n+1-i}\chi_{22}^{(2n-i)}(1) + \gamma(b_i'\chi_{22}^{(i-1)}(1) + b_{2n+1-i}'\chi_{22}^{(2n-i)}(1)))d_{n+2} + \cdots + \\
& (b_i \chi_{2n}^{(i-1)}(1) + b_{2n+1-i}\chi_{2n}^{(2n-i)}(1) + \gamma(b_i'\chi_{2n}^{(i-1)}(1) + b_{2n+1-i}'\chi_{2n}^{(2n-i)}(1)))d_{2n} \\
& = -h_i - (b_i w_2^{(i-1)}(1) + b_{2n+1-i}w_2^{(2n-i)}(1)) - \gamma(b_i'w_2(1)) + b_{2n+1-i}'w_2^{(2n-i)}(1)), \\
& i = 1, 2, \cdots, n_{\circ}
\end{aligned}$$

将上面的方程写成如下的形式, 即

$$B_{\gamma}(C_{\phi 21}(1, \gamma), C_{\phi 22}(1, \gamma), \cdots, C_{\phi 2n}(1, \gamma)) \begin{pmatrix} d_1 \\ d_2 \\ \vdots \\ d_{2n} \end{pmatrix}$$

$$= \begin{pmatrix} -h_1 \\ -h_2 \\ \vdots \\ -h_n \end{pmatrix} - B_{\gamma} \begin{pmatrix} w_2(1) \\ w_2'(1) \\ \vdots \\ w_2^{(2n-1)}(1) \end{pmatrix},$$

关于变量 d_1, d_2, $\cdots$, d_{2n} 的线性方程组的系数行列式为 $\det\Phi(1, \gamma)$。由于 γ 不是特征值, 所以 $\det\Phi(1, \gamma) \neq 0$, 因此 d_1, d_2, $\cdots$, d_{2n} 是唯一可解的。所以, 边值问题 (6-25) 的通解是唯一确定的。

上面的讨论表明 $(A - \gamma I)^{-1}$ 定义在全空间 H 上。由定理 6.1 与闭图像定理可知 $(A - \gamma I)^{-1}$ 是有界的, 因此, $\gamma \in \rho(A)$。所以, $\sigma(A) = \sigma p(A)$。

$\square$

这一章中, 所研究的是具有转移条件及边界条件带特征参数的高阶微分算子, 所给的微分算式较为特殊, 对于边界条件带特征参数及具有转移条件的高阶微分算子, 尚有许多问题有待解决。当边界条件与带特征参数的边界条件的系数需满足一定的条件时, 可以考虑将微分表达式一般化, 给出具有转移条件, 以及具有一般边界条件与带特征参数的边界条件, 进一步得到一般化的结论。

第❼章
具有转移条件的四阶耗散算子

本章，研究 Weyl 极限圆情形下一类不连续的非自共轭四阶微分算子。首先确定微分算子的边界条件与转移条件，其中正则端点 a 的边界条件是一般的，奇异点 b 的边界条件系数有严格的要求，进而证明由此确定的微分算子是耗散的，且没有实的特征值；给出 $L^2(I)$ 中由四阶微分表达式生成的耗散算子 L 的特征行列式的扰动，其中算子的不连续性由给定的转移条件处理。另外，得到算子的格林函数，证明零不是算子的特征值，进而确定出算子的逆算子，从而利用 Livšic 定理证明此类耗散算子（dissipative operator）的特征函数与相伴函数（associated function）的完备性。

本章由下面几个部分组成。7.1 节介绍相关符号，并回顾一些基本的结果；7.2 节证明具有转移条件的此四阶微分算子是耗散算子；7.3 节得到了算子的格林函数，并确定出算子的逆算子，以及判断特征值的整函数；7.4 节证明了算子特征函数与相伴函数的完备性。

7.1　预备知识

考虑下面的微分表达式

$$l(y) = -y^{(4)} + q(x)y, \quad I = [a, c) \cup (c, b), \qquad (7-1)$$

其中，$I_1 := [a, c)$，$I_2 := (c, b)$ 且 $I = I_1 \cup I_2$，$q(x)$ 是区间 I 上的实值连续函数，且 $q(x) \in L^1_{loc}(I)$。对于微分表达式 $l(y)$ 而言，端点 a 和 c 是正则的，端点 b 是奇异的。$q(c\pm) := -\lim_{x \to c\pm} q(x)$ 单侧极限存在且有限。对于区间

I 上的微分表达式 $l(y)$，假设 Weyl 极限圆情形是成立的。

令

$$\Omega = \{\, y \in L^2(I) : y,\ y',\ y'',\ y''' \in AC_{loc}(I),\ l(y) \in L^2(I)\,\}。$$

对于任意的 $y,\ z \in \Omega$，有

$$[y,\ z]_x = (y\bar{z}''' - y'\bar{z}'' + y''\bar{z}' - y'''\bar{z})(x)$$
$$= -R_{\bar z}(x)Q(x)C_y(x),\ x \in I = [a,\ c) \cup (c,\ b),$$

其中，函数上方的横线表示函数的复共轭，且

$$Q(x) = \begin{pmatrix} 0 & 0 & 0 & 1 \\ 0 & 0 & -1 & 0 \\ 0 & 1 & 0 & 0 \\ -1 & 0 & 0 & 0 \end{pmatrix},$$

$R_z(x) = (z(x),\ z'(x),\ z''(x),\ z'''(x)),\ C_{\bar z}(x) = R_z^*(x)$，$R_z^*(x)$ 是 $R_z(x)$ 的复共轭转置。

考虑微分方程

$$-y^{(4)} + q(x)y = \lambda y,\ x \in I = [a,\ c) \cup (c,\ b), \tag{7-2}$$

其中，λ 是复参数。

转移条件与边界条件如下：

$$l_1 y = y(c+) - \alpha_1 y(c-) - \alpha_2 y'''(c-) = 0, \tag{7-3}$$
$$l_2 y = y'(c+) - \beta_1 y'(c-) - \beta_2 y''(c-) = 0, \tag{7-4}$$
$$l_3 y = y''(c+) - \beta_3 y'(c-) - \beta_4 y''(c-) = 0, \tag{7-5}$$
$$l_4 y = y'''(c+) - \alpha_3 y(c-) - \alpha_4 y'''(c-) = 0, \tag{7-6}$$
$$l_5 y = \gamma_1 y(a) - \gamma_2 y''(a) = 0, \tag{7-7}$$
$$l_6 y = \gamma_3 y'(a) - \gamma_4 y''(a) = 0, \tag{7-8}$$
$$l_7 y = [y,\ z_{12}]_b - h[y,\ z_{42}]_b = 0,\ \mathrm{Im}\,h > 0, \tag{7-9}$$
$$l_8 y = [y,\ z_{22}]_b - k[y,\ z_{32}]_b = 0,\ \mathrm{Im}\,k < 0, \tag{7-10}$$

其中，h 和 k 是复数，且 $\mathrm{Im}\,h > 0$，$\mathrm{Im}\,k < 0$，α_i，β_i，γ_i $(i=1,\ 2,\ 3,\ 4)$ 是实数，且 $\gamma_1\gamma_3 \neq 0$，

$$\begin{vmatrix} \alpha_1 & \alpha_2 \\ \alpha_3 & \alpha_4 \end{vmatrix} = \begin{vmatrix} \beta_1 & \beta_2 \\ \beta_3 & \beta_4 \end{vmatrix} = \rho > 0,$$

其中，$z_{12}(x)$，$z_{22}(x)$，$z_{32}(x)$，$z_{42}(x)$ 是方程 $l(y)=0$ 在区间 $I_2 = (c,\ b)$ 上的解，见式（7-12）。

为了方便，令

$$C = \begin{pmatrix} \alpha_1 & 0 & 0 & \alpha_2 \\ 0 & \beta_1 & \beta_2 & 0 \\ 0 & \beta_3 & \beta_4 & 0 \\ \alpha_3 & 0 & 0 & \alpha_4 \end{pmatrix},$$

因此，将转移条件 (7-3) - (7-6) 表示为 $C_y(c+) = C \cdot C_y(c-)$，直接计算可知矩阵 C 满足 $C^* Q(x) C = \rho Q(x)$。

设 $D(L)$ 表示所有 $y \in \Omega$ 且满足转移条件 (7-3) - (7-6) 和边界条件 (7-7) - (7-10) 的函数构成的集合。在 $L^2(I)$ 中，定义算子 L，对于任意的 $y \in D(L)$ 有 $Ly = l(y)$，则其定义域为 $D(L)$。

令

$$\phi_i(x, \lambda) = \begin{cases} \phi_{i1}(x, \lambda), & x \in I_1; \\ \phi_{i2}(x, \lambda), & x \in I_2。 \end{cases} \quad (i = 1, 2, 3, 4)$$

表示方程 (7-2) 的解，满足初始条件

$$(C_{\phi11}(a, \lambda), C_{\phi21}(a, \lambda), C_{\phi31}(a, \lambda), C_{\phi41}(a, \lambda)) = \begin{pmatrix} 1 & 0 & 0 & \dfrac{\gamma_2}{\gamma_1} \\ 0 & 1 & \dfrac{\gamma_4}{\gamma_3} & 0 \\ 0 & 0 & 1 & 0 \\ 0 & 0 & 0 & 1 \end{pmatrix}$$

$$(7-11)$$

及其转移条件
$$(C_{\phi12}(c+, \lambda), C_{\phi22}(c+, \lambda), C_{\phi32}(c+, \lambda), C_{\phi42}(c+, \lambda))$$
$$= C \cdot (C_{\phi11}(c-, \lambda), C_{\phi21}(c-, \lambda), C_{\phi31}(c-, \lambda), C_{\phi41}(c-, \lambda))。$$

对于区间 I 上的微分表达式，由于 Weyl 极限圆情形是成立的，因此解 $\phi_i(x, \lambda)(i = 1, 2, 3, 4)$ 属于 $L^2(I)$。令

$$z_i(x) = \begin{cases} z_{i1}(x) = \phi_{i1}(x, 0), & x \in I_1; \\ z_{i2}(x) = \phi_{i2}(x, 0), & x \in I_2。 \end{cases} \quad (i = 1, 2, 3, 4) \quad (7-12)$$

因此 $z_i(x)(i = 1, 2, 3, 4)$ 是方程 $l(y) = 0(x \in I)$ 的解，满足初始条件

$$(C_{z11}(a), C_{z21}(a), C_{z31}(a), C_{z41}(a)) = \begin{pmatrix} 1 & 0 & 0 & \dfrac{\gamma_2}{\gamma_1} \\ 0 & 1 & \dfrac{\gamma_4}{\gamma_3} & 0 \\ 0 & 0 & 1 & 0 \\ 0 & 0 & 0 & 1 \end{pmatrix}, \quad (7-13)$$

与转移条件

$$(C_{z12}(c+),\ C_{z22}(c+),\ C_{z32}(c+),\ C_{z42}(c+))$$
$$= C \cdot (C_{z11}(c-),\ C_{z21}(c-),\ C_{z31}(c-),\ C_{z41}(c-))_\circ \quad (7\text{-}14)$$

有 $z_i(x) \in L^2(I)(i=1,2,3,4)$；而且 $z_i(x) \in \Omega(i=1,2,3,4)$。
因此，对任意的 $y \in \Omega$，$[y,z_i]_b(i=1,2,3,4)$ 的值存在且有限。

令 $\Phi_i(x)(i=1,2)$ 分别是解 $z_{1i}(x)$，$z_{2i}(x)$，$z_{3i}(x)$，$z_{4i}(x)$ 在区间 $I_i(i=1,2)$ 上的 Wronskian 矩阵，即

$$\Phi_i(x) = (C_{z1i}(x),\ C_{z2i}(x),\ C_{z3i}(x),\ C_{z4i}(x))(i=1,2)_\circ$$

由

$$[z_{ri},\ z_{si}]_x = -R_{z_{si}}(x)Q(x)C_{z_{ri}}(x),$$

有

$$([z_{ri},\ z_{si}]_x)^T = -\Phi_i^*(x)Q(x)\Phi_i(x)(1 \leqslant r,\ s \leqslant 4;\ i=1,2)_\circ$$

由于解 $z_{11}(x)$，$z_{21}(x)$，$z_{31}(x)$，$z_{41}(x)$ 在 $I_1 = [a,c)$ 上的 Wronskian 行列式是常数，且由式（7-13）有

$$([z_{r1},\ z_{s1}]_x)^T = -\Phi_1^*(x)Q(x)\Phi_1(x) = -Q(x)(1 \leqslant r,\ s \leqslant 4)_\circ$$

另外，由于解 $z_{12}(x)$，$z_{22}(x)$，$z_{32}(x)$，$z_{42}(x)$ 在 $I_2 = (c,b)$ 上的 Wronskian 行列式是常数，且由式（7-14）得到

$$([z_{r2},\ z_{s2}]_x)^T = -\Phi_2^*(x)Q(x)\Phi_2(x) = -\Phi_2^*(c+)Q(c+)\Phi_2(c+)$$
$$= -\Phi_1^*(c-)C^*Q(c-)C\Phi_1(c-)$$
$$= -\rho\Phi_1^*(c-)Q(c-)\Phi_1(c-)$$
$$= -\rho\Phi_1^*(x)Q(x)\Phi_1(x) = -\rho Q(x)(1 \leqslant r,\ s \leqslant 4),$$

令 $J = -\rho Q(x)$，因此 $J^* = -J$，$J^{-1} = -\dfrac{1}{\rho^2}J$，且

$$([z_{r2},\ z_{s2}]_x)^T = -\Phi_2^*(x)Q(x)\Phi_2(x) = J(1 \leqslant r,\ s \leqslant 4,\ x \in (c,b))_\circ$$
$$\quad (7\text{-}15)$$

引理 7.1 $\quad Q(x) = -(\Phi_2^*(x))^{-1}J\Phi_2^{-1}(x)$，$x \in (c,b)$。

引理 7.2 对任意的 $y \in D(A)$，
$([y,z_{12}]_x,\ [y,z_{22}]_x,\ [y,z_{32}]_x,\ [y,z_{42}]_x)^T = J\Phi_2^{-1}(x)C_y(x)$，$x \in (c,b)$。
$D(A)$ 的定义见式（7-16）。

推理 7.1 对任意的 y_1，y_2，y_3，$y_4 \in D(A)$，将 y_1，y_2，y_3，y_4 的 Wronskian 矩阵表示为 $Y(x) = (C_{y1}(x)$，$C_{y2}(x)$，$C_{y3}(x)$，$C_{y4}(x))$，则有

$$J\Phi_2^{-1}(x)Y(x) = \begin{pmatrix} [y_1, z_{12}]_x & [y_2, z_{12}]_x & [y_3, z_{12}]_x & [y_4, z_{12}]_x \\ [y_1, z_{22}]_x & [y_2, z_{22}]_x & [y_3, z_{22}]_x & [y_4, z_{22}]_x \\ [y_1, z_{32}]_x & [y_2, z_{32}]_x & [y_3, z_{32}]_x & [y_4, z_{32}]_x \\ [y_1, z_{42}]_x & [y_2, z_{42}]_x & [y_3, z_{42}]_x & [y_4, z_{42}]_x \end{pmatrix},$$

$$x \in (c, b)。$$

引理 7.3 对任意的 $y, z \in D(A)$，

$$[y, z]_x = -\frac{1}{\rho}([y, z_{12}]_x \overline{[z, z_{42}]_x} - [y, z_{22}]_x \overline{[z, z_{32}]_x} +$$

$$[y, z_{32}]_x \overline{[z, z_{22}]_x} - [y, z_{42}]_x \overline{[z, z_{12}]_x}), \ x \in (c, b)。$$

证明 由引理 7.1 和引理 7.2 可得

$$[y, z]_x = -R_z(x)Q(x)C_y(x) = R_z(x)(\Phi_2^*(x))^{-1}J\Phi_2^{-1}(x)C_y(x)$$

$$= (\Phi_2^{-1}(x)C_z(x))^* J(\Phi_2^{-1}(x)C_y(x))$$

$$= (J^{-1}\begin{pmatrix} [z, z_{12}]_x \\ [z, z_{22}]_x \\ [z, z_{32}]_x \\ [z, z_{42}]_x \end{pmatrix})^* (J^{-1}\begin{pmatrix} [y, z_{12}]_x \\ [y, z_{22}]_x \\ [y, z_{32}]_x \\ [y, z_{42}]_x \end{pmatrix})$$

$$= \frac{1}{\rho^2}(\overline{[z, z_{12}]_x}, \ \overline{[z, z_{22}]_x}, \ \overline{[z, z_{32}]_x}, \ \overline{[z, z_{42}]_x})J\begin{pmatrix} [y, z_{12}]_x \\ [y, z_{22}]_x \\ [y, z_{32}]_x \\ [y, z_{42}]_x \end{pmatrix}$$

$$= \frac{1}{\rho}(\overline{[z,z_{12}]_x}, \overline{[z,z_{22}]_x}, \overline{[z,z_{32}]_x}, \overline{[z,z_{42}]_x})\begin{pmatrix} 0 & 0 & 0 & -1 \\ 0 & 0 & 1 & 0 \\ 0 & -1 & 0 & 0 \\ 1 & 0 & 0 & 0 \end{pmatrix}\begin{pmatrix} [y,z_{12}]_x \\ [y,z_{22}]_x \\ [y,z_{32}]_x \\ [y,z_{42}]_x \end{pmatrix}$$

$$= \frac{1}{\rho}([y, z_{12}]_x \overline{[z, z_{42}]_x} - [y, z_{22}]_x \overline{[z, z_{32}]_x} +$$

$$[y, z_{32}]_x \overline{[z, z_{22}]_x} - [y, z_{42}]_x \overline{[z, z_{12}]_x})。$$

$\square$

7.2 耗散算子

首先，介绍 Hilbert 空间 $H = L^2(I_1) \oplus L^2(I_2)$ 中的一个特殊内积，并在此空间中定义线性算子 A，将问题（7-2）–（7-10）表示为算子 A 的特征值问题。定义 Hilbert 空间 $H = L^2(I_1) \oplus L^2(I_2)$ 中的内积

$$(f, g)_H = \int_a^c f_1 \bar{g}_1 dx + \frac{1}{\rho} \int_c^b f_2 \bar{g}_2 dx, \ \forall f(x), g(x) \in H,$$

其中，

$$f(x) = \begin{cases} f_1(x), x \in I_1; \\ f_2(x), x \in I_2。 \end{cases}, \quad g(x) = \begin{cases} g_1(x), x \in I_1; \\ g_2(x), x \in I_2。 \end{cases}。$$

格林公式

$$\int_a^b l(y) \bar{z} dx - \int_a^b y \overline{l(z)} dx = [y, z]_{c-} - [y, z]_a + \frac{1}{\rho}[y, z]_b - \frac{1}{\rho}[y, z]_{c+},$$

对于任意的 $y, z \in \Omega$，极限 $[y, z]_b : = \lim_{x \to b} [y, z]_x$ 存在且有限。

构造算子 $A : H \to H$，其定义域为 $D(A)$，即

$$D(A) := \{f \in H \mid f, f', f'', f''' \in AC_{loc}(I), \ 极限 \lim_{x \to c\pm} f^{(k)}(x) \ 存在且有限,$$
$$k = 1, 2, 3, \ l(f) \in H, \ l_i(f) = 0, i = 1, 2, \cdots, 8\}, \quad (7\text{-}16)$$

且 $Af = l(f)$。因此，将空间 H 中具有转移条件的边值问题（7-2）–（7-10）看作

$$AU = \lambda U, \ U \in D(A)。$$

显然，算子 A 的特征值与根直系（root lineal）恰好与 L 的一致。下面，给出耗散算子的定义。

定义 7.1 作用在 Hilbert 空间 H 上的线性算子 A，定义域为 $D(A)$，如果 $\text{Im}(Af, f) \geq 0$，$\forall f \in D(A)$，则称 A 为耗散算子。

对于有界线性算子 A（定义在全空间 H 上），算子耗散的条件等价于算子 A 的虚部 $A_{\mathrm{Im}} = \dfrac{1}{2i}(A - A^*)$ 是非负的。算子 A 的实部 A_{Re} 与虚部 A_{Im} 都是自共轭算子，且 $A = A_{\mathrm{Re}} + iA_{\mathrm{Im}}$，$A^* = A_{\mathrm{Re}} - iA_{\mathrm{Im}}$。

令

$$v_1(x) = \begin{cases} v_{11}(x) = z_{11}(x) - hz_{41}(x), & x \in I_1; \\ v_{12}(x) = z_{12}(x) - hz_{42}(x), & x \in I_2. \end{cases}$$

$$v_2(x) = \begin{cases} v_{21}(x) = z_{21}(x) - kz_{31}(x), & x \in I_1; \\ v_{22}(x) = z_{22}(x) - kz_{32}(x), & x \in I_2. \end{cases}$$

显然，解 $v_1(x)$，$v_2(x)$ 满足转移条件（7-3）-（7-6）与边界条件（7-9）与（7-10）；类似地，解 $z_3(x)$、$z_4(x)$ 满足转移条件（7-3）-（7-6），且满足边界条件（7-7），（7-8）。

注7.1 $v_1(x)$ 不满足边界条件（7-7），但满足条件（7-8）；$v_2(x)$ 不满足边界条件（7-8），但满足条件（7-7）；$z_3(x)$ 不满足边界条件（7-10），但满足条件（7-9）；$z_4(x)$ 不满足条件（7-9），但满足条件（7-10）。

令

$$\Delta_1 = \det(C_{z31}(x), \ C_{z41}(x), \ C_{v11}(x), \ C_{v21}(x)), \ x \in I_1,$$
$$\Delta_2 = \det(C_{z32}(x), \ C_{z42}(x), \ C_{v12}(x), \ C_{v22}(x)), \ x \in I_2.$$

引理7.4 等式 $\Delta_1 = \dfrac{1}{\rho^2}\Delta_2$ 成立。

证明 根据转移条件（7-3）-（7-6）及其 Wronskian 行列式是常数，得到

$$\begin{aligned} \Delta_2 &= \det(C_{z32}(x), \ C_{z42}(x), \ C_{v12}(x), \ C_{v22}(x)) \\ &= \det(C_{z32}(c+), \ C_{z42}(c+), \ C_{v12}(c+), \ C_{v22}(c+)) \\ &= \rho^2\det(C_{z31}(c-), \ C_{z41}(c-), \ C_{v11}(c-), \ C_{v21}(c-)) \\ &= \rho^2\det(C_{z31}(x), \ C_{z41}(x), \ C_{v11}(x), \ C_{v21}(x)) \\ &= \rho^2\Delta_1. \end{aligned}$$

由于 Wronskian 行列式是常数，根据式 (7-13) 得到 $\Delta_1 = 1$，$\Delta_2 = \rho^2$。

引理 7.5 零不是 A 的特征值；即 $\ker A = \{0\}$。

证明 令 $y \in D(A)$ 且 $Ay = 0$，则 $-y^{(4)} + q(x)y = 0$，函数 y 满足边界条件与转移条件 $(7-3) - (7-10)$。因此存在常数 c_1，c_2，c_3，c_4 与 d_1，d_2，d_3，d_4，使得

$$y = \begin{cases} c_1 z_{31}(x) + c_2 z_{41}(x) + c_3 v_{11}(x) + c_4 v_{21}(x), & x \in I_1; \\ d_1 z_{32}(x) + d_2 z_{42}(x) + d_3 v_{12}(x) + d_4 v_{22}(x), & x \in I_2。 \end{cases}$$

将 y 代入条件 $(7-3) - (7-10)$，且利用 $\Delta_1 = 1$ 与 $\Delta_2 = \rho^2 \neq 0$，得到 $c_i = 0$，$d_i = 0 (i = 1, 2, 3, 4)$。

定理 7.1 算子 A 是定义在空间 H 中的耗散算子，即

$$\text{Im}(Ay, y) \geqslant 0, \quad \forall y \in D(A)。$$

证明 对任意的 $y \in D(A)$，由格林公式可得

$$(Ay, y)_H - (y, Ay)_H = [y, y]_{c-} - [y, y]_a + \frac{1}{\rho}[y, y]_b - \frac{1}{\rho}[y, y]_{c+}。 \tag{7-17}$$

由于 $y \in D(A)$，且根据边界条件 $(7-7)$，$(7-8)$ 以及 $\gamma_1 \gamma_3 \neq 0$，容易得到

$$[y, y]_a = 0。 \tag{7-18}$$

另外，y 满足转移条件 $(7-3) - (7-6)$，因此得到

$$[y, y]_{c+} = -R_{\bar{y}}(c+)Q(c+)C_y(c+) = -R_{\bar{y}}(c-)C^T Q(c-)CC_y(c-)$$
$$= -\rho R_{\bar{y}}(c-)Q(c-)C_y(c-) = \rho[y, y]_{c-}。 \tag{7-19}$$

由边界条件 $(7-9)$ 和 $(7-10)$，以及引理 7.3，得到

$$[y, y]_b = \frac{1}{\rho}([y, z_{12}]_b \overline{[y, z_{42}]_b} - [y, z_{22}]_b \overline{[y, z_{32}]_b} +$$

$$[y, z_{32}]_b \overline{[y, z_{22}]_b} - [y, z_{42}]_b \overline{[y, z_{12}]_b})$$

$$= \frac{1}{\rho}(h[y, z_{42}]_b \overline{[y, z_{42}]_b} - k[y, z_{32}]_b \overline{[y, z_{32}]_b}) +$$

$$\overline{k}[y,\ z_{32}]_b\ \overline{[y,\ z_{32}]_b} - \overline{h}[y,\ z_{42}]_b\ \overline{[y,\ z_{42}]_b}$$

$$= \frac{1}{\rho}((h,\ \overline{h})\mid[y,\ z_{42}]_b\mid^2 - (k,\ \overline{k})\mid[y,\ z_{32}]_b\mid^2)$$

$$= \frac{1}{\rho}(2i(\mathrm{Im}h\mid[y,\ z_{42}]_b\mid^2 - \mathrm{Im}k\mid[y,\ z_{32}]_b\mid^2))。$$

$$(7\text{-}20)$$

将式（7-18）- （7-20）代入式（7-17），得到

$$\mathrm{Im}(Ay,\ y)_H = \frac{1}{\rho}(\mathrm{Im}h\mid[y,\ z_{42}]_b\mid^2 - \mathrm{Im}k\mid[y,\ z_{32}]_b\mid^2),\qquad(7\text{-}21)$$

由于 $\mathrm{Im}h > 0$，$\mathrm{Im}k < 0$，且 $\rho > 0$，因此算子 A 是 H 中的耗散算子。

□

定理 7.2 算子 A 没有实特征值。

证明 令 λ_0 是 A 的实特征值，且令 $\phi_0(x) = \phi(x,\ \lambda_0) \neq 0$ 是对应的特征函数，由于

$$\mathrm{Im}(A\phi_0,\ \phi_0)_H = \mathrm{Im}(\lambda\parallel\phi_0\parallel^2) = 0。$$

由式（7-21）可知 $[\phi_0,\ z_{42}]_b = 0$，$[\phi_0,\ z_{32}]_b = 0$。由边界条件（7-9），（7-10）可得 $[\phi_0,\ z_{12}]_b = 0$，$[\phi_0,\ z_{22}]_b = 0$。设 $\tau_0(x) = \tau(x,\ \lambda_0)$，$\theta_0(x) = \theta(x,\ \lambda_0)$，$\sigma_0(x) = \sigma(x,\ \lambda_0)$ 与 $\phi_0(x) = \phi(x,\ \lambda_0)$ 是 $l(y) = \lambda_0 y$ 的线性无关解，由推论 7.1 得到

$$\begin{pmatrix} [\phi_0,\ z_{12}]_b & [\tau_0,\ z_{12}]_b & [\theta_0,\ z_{12}]_b & [\sigma_0,\ z_{12}]_b \\ [\phi_0,\ z_{22}]_b & [\tau_0,\ z_{22}]_b & [\theta_0,\ z_{22}]_b & [\sigma_0,\ z_{22}]_b \\ [\phi_0,\ z_{32}]_b & [\tau_0,\ z_{32}]_b & [\theta_0,\ z_{32}]_b & [\sigma_0,\ z_{32}]_b \\ [\phi_0,\ z_{42}]_b & [\tau_0,\ z_{42}]_b & [\theta_0,\ z_{42}]_b & [\sigma_0,\ z_{42}]_b \end{pmatrix}$$

$$= J\Phi^{-1}(b)(C_{\phi 0}(b),\ C_{\tau 0}(b),\ C_{\theta 0}(b),\ C_{\sigma 0}(b)),$$

显然，等式左边的行列式等于零，由于解 $\phi(x,\ \lambda_0)$，$\tau(x,\ \lambda_0)$，$\theta(x,\ \lambda_0)$，$\sigma(x,\ \lambda_0)$ 的 Wronskian 行列式是常数，且为 ρ^2，因此，等式右边的行列式等于 $\rho^4(\rho > 0)$。矛盾，定理得证。

□

7.3　特征函数与特征行列式

在这一部分，为考虑算子 A 的特征函数与相伴函数的完备性做准备，给出算子 A 的格林函数，并利用格林函数来确定 A 的逆算子。

设 A 的表示 Hilbert 空间 H 中的线性非自共轭算子，定义域为 $D(A)$。元素 $y \in D(A)$，$y \neq 0$，如果有 $(A - \lambda_0 I)^n y = 0$ 成立，n 是大于零的整数，则称之为算子 A 对应于特征值 λ_0 的根向量（root vector）。

对应于同一个特征值 λ_0 的全部根向量，加上 $y = 0$ 构成的集合，恰好是线性集合 N_{λ_0}，称为根直系（root lineal）。根直系 N_{λ_0} 的维数称为特征值 λ_0 的代数重数。因此，算子 A 的全部特征向量与相伴向量（associated vector）的完备性等价于算子的全部根向量的完备性。

设 σ_1，σ_2 分别表示空间 H 中的核算子与 Hilbert–施密特算子。设 $\{\mu_j(A)\}_{j=1}^{v(A)}$ 是 $A \in \sigma_p$，$p = 1, 2$ 的所有非零特征值序列，按照所考虑的代数重数减少的方式排列，其中 $v(A)(\leqslant \infty)$ 是 A 的所有非零特征值代数重数之和。若 $A \in \sigma_1$，则 $\sum_{j=1}^{v(A)} \mu_j(A)$ 就称为 A 的迹，表示为 trA。

由 Gohberg I. C., Krein M. G.（1969）可得如下定义：

定义 7.2　设 g 是整函数。若对任意的 $\varepsilon > 0$，存在有限常数 $C_\varepsilon > 0$，使得，

$$|g(\lambda)| \leqslant C_\varepsilon e^{\varepsilon|\lambda|}, \lambda \in \mathbb{C},$$

则称整函数 g 是具有增的阶数 $\leqslant 1$ 的最小类（g is called an entire function with growth of order $\leqslant 1$ and minimal type）。

对任意的 $\lambda \in \mathbb{C}$，函数 $\phi_1(x, \lambda)$，$\phi_2(x, \lambda)$，$\phi_3(x, \lambda)$，$\phi_4(x, \lambda)$ 构成方程（7-2）的基本解，从而确定了算子 A 的特征值。

对任意的 $x \in (c, b)$，设

$$\psi_{ij}(x, \lambda) = [\phi_{i2}(\cdot, \lambda), z_{j2}(\cdot)]_x (i, j = 1, 2, 3, 4), \quad (7\text{-}22)$$

且

$$\psi_{ij}(\lambda) = [\phi_{i2}(x, \lambda), z_{j2}(x)]_b (i, j = 1, 2, 3, 4), \qquad (7\text{-}23)$$

所以 $\psi_{ij}(\lambda) = \psi_{ij}(b, \lambda)$。设 $\sigma_d(A)$ 表示 A 的全部特征值构成的集合，即

$$\sigma_d(A) = \{\lambda: \lambda \in \mathbb{C}, \ \tilde{a}_i(\lambda) = 0, \ \tilde{b}_i(\lambda) = 0, \ i = 1, 2, 3, 4\},$$

其中，

$$\tilde{a}_i(\lambda) = \psi_{i1}(\lambda) - h\psi_{i4}(\lambda), \ \tilde{b}_i(\lambda) = \psi_{i2}(\lambda) - k\psi_{i3}(\lambda), \ i = 1, 2, 3, 4。$$

引理 7.6 函数 $\psi_{ij}(\lambda)(i, j = 1, 2, 3, 4)$ 是关于 λ 的整函数，且是具有增的阶数 $\leqslant 1$ 的最小类。

证明 由式 (7-22)，可得

$$\psi_{b_1, 4j}(\lambda) = [\phi_{42}(x, \lambda), z_{j2}(x)]_{b_1}(j = 1, 2, 3, 4),$$

其中，$c \leqslant b_1 < b$。因为对于任意确定的 b_1，函数 $\phi_{42}(b_1, \lambda)$，$\phi'_{42}(b_1, \lambda)$，$\phi''_{42}(b_1, \lambda)$，$\phi'''_{42}(b_1, \lambda)$，是关于 λ 的阶数为 $\dfrac{1}{2}$ 的整函数，因此，函数 $\psi_{b_1, 4j}(\lambda)(j = 1, 2, 3, 4)$ 也是具有相同的性质。现在证明当 $b_1 \to b$ 时整函数 $\psi_{b_1, 4j}(\lambda)$ 收敛到 $\psi_{4j}(\lambda)$，λ 在复平面 $\mathbb{C}$ 上的每一个紧集中关于 λ 一致收敛。

设

$$y = y(x) = \begin{cases} y_1(x, \lambda), & x \in I_1; \\ y_2(x, \lambda), & x \in I_2。 \end{cases}$$

是方程 (7-2) 的解，则由引理 7.2 可得

$$y(x) = \frac{1}{\rho}(-[y, z_{12}]_x z_{42}(x) + [y, z_{22}]_x z_{32}(x) - [y, z_{32}]_x z_{22}(x) + [y, z_{42}]_x z_{12}(x)), \ x \in I_2。 \qquad (7\text{-}24)$$

若定义

$$f_j(x, \lambda) = [y, z_{j2}]_x (j = 1, 2, 3, 4), \ x \in I_2,$$

则由格林公式可知 $f_j(x, \lambda)(j = 1, 2, 3, 4)$ 满足一阶微分方程

$$\frac{\partial}{\partial x} f_j(x, \lambda) = \lambda y_2(x, \lambda) z_{j2}(x)(j = 1, 2, 3, 4), \ x \in I_2。$$

由式 (7-24) 可得

$$\frac{\partial}{\partial x} f(x, \lambda) = \lambda G(x) f(x, \lambda), \ x \in I_2, \qquad (7\text{-}25)$$

其中，

$$f(x, \lambda) = (f_1(x, \lambda), f_2(x, \lambda), f_3(x, \lambda), f_4(x, \lambda))^T,$$

$$G(x) = \begin{pmatrix} -z_{42}(x)z_{12}(x) & z_{32}(x)z_{12}(x) & -z_{22}(x)z_{12}(x) & z_{12}^2(x) \\ -z_{42}(x)z_{22}(x) & z_{32}(x)z_{22}(x) & -z_{12}^2(x) & z_{12}(x)z_{22}(x) \\ -z_{42}(x)z_{32}(x) & z_{32}^2(x) & -z_{22}(x)z_{32}(x) & z_{12}(x)z_{32}(x) \\ -z_{42}^2(x) & z_{32}(x)z_{42}(x) & -z_{22}(x)z_{42}(x) & z_{12}(x)z_{42}(x) \end{pmatrix},$$

且 $G(x)$ 的元素属于 $L^1(I_2)$。对于 $w = (w_1, w_2, w_3, w_4)^T$，令 $\|w\| = |w_1| + |w_2| + |w_3| + |w_4|$，则 4×4 矩阵的范数表示为 $\|\cdot\|$。则 $\|G(x)\| \in L^1(I_2)$ 成立。

若 $y_2(x, \lambda) = \phi_{42}(x, \lambda)$，则方程（7-25）等价于积分方程

$$f(x, \lambda) = f(b_1, \lambda) + \lambda \int_{b_1}^x G(t)f(t, \lambda)dt, \ x \in I_2, \qquad (7-26)$$

其中，

$$f(b_1, \lambda) = \begin{pmatrix} \psi_{b_1, 41}(\lambda) \\ \psi_{b_1, 42}(\lambda) \\ \psi_{b_1, 43}(\lambda) \\ \psi_{b_1, 44}(\lambda) \end{pmatrix}, \ f(c+, \lambda) = \begin{pmatrix} k_{41}(\lambda) \\ k_{42}(\lambda) \\ k_{43}(\lambda) \\ k_{44}(\lambda) \end{pmatrix}, \ f(b, \lambda) = \begin{pmatrix} \psi_{41}(\lambda) \\ \psi_{42}(\lambda) \\ \psi_{43}(\lambda) \\ \psi_{44}(\lambda) \end{pmatrix},$$

且 $k_{4j}(\lambda) = [\phi_{42}(\cdot, \lambda), z_{j2}(\cdot)]_{c+}(j = 1, 2, 3, 4)$。

将 Gronwall 不等式用在式（7-26）中可得

$$\|f(x, \lambda)\| \leqslant \|f(b_1, \lambda)\| \exp(|\lambda| \int_{b_1}^x \|G(t)\| dt), \ x \in I_2,$$

因此

$$\|f(b, \lambda) - f(b_1, \lambda)\| \leqslant |\lambda| (\int_{b_1}^b \|G(t)\| dt) \exp(|\lambda| \int_c^b \|G(t)\| dt),$$
$$\qquad (7-27)$$

$$\|f(b, \lambda)\| \leqslant \|f(b_1, \lambda)\| \exp(|\lambda| \int_{b_1}^b \|G(t)\| dt)。 \quad (7-28)$$

由式（7-27）可知，当 $b_1 \to b$ 时 $\psi_{b_1, 4j}(\lambda)$ 收敛到 $\psi_{4j}(\lambda)$，在紧集中关于 λ 一致收敛。因此 $\psi_{4j}(\lambda)(j = 1, 2, 3, 4)$ 是整函数。

对于 $b_1 = c$，由式（7-28）可得

$$\|f(b, \lambda)\| \leqslant (|k_{41}(\lambda)| + |k_{42}(\lambda)| + |k_{43}(\lambda)| + |k_{44}(\lambda)|)$$

$$\exp(\mid \lambda \mid \int_c^b \parallel G(t) \parallel dt)。 \tag{7-29}$$

所以 $\psi_{4j}(\lambda)$ 是不超过一阶的。因为，对任意确定的 b_1，函数 $\psi_{b_1,\,4j}(\lambda)(j=1,\,2,\,3,\,4)$ 是关于 λ 的阶数为 $\dfrac{1}{2}$ 的整函数，由式 $(7-28)$ 可知整函数 $\psi_{4j}(\lambda)(j=1,\,2,\,3,\,4)$ 是增的最小类。

类似地，可以证明 $\psi_{ij}(\lambda)(i=1,\,2,\,3;j=1,\,2,\,3,\,4)$ 是关于 λ 的阶数 ≤ 1 的整函数，且是增的最小类。定理证毕。

$\square$

当 $b_1 \to b$ 时，利用格林公式可得
$$\psi_{ij}(\lambda) = [\phi_{i2}(\cdot,\,\lambda),\,z_{j2}(\cdot)]_b$$
$$= [\phi_{i2}(\cdot,\,\lambda),\,z_{j2}(\cdot)]_{c+} + \lambda\int_c^b \phi_{i2}(x,\,\lambda)z_{j2}(x)dx$$
$$= k_{ij}(\lambda) + \lambda\int_c^b \phi_{i2}(x,\,\lambda)z_{j2}(x)dx,\,(i,\,j=1,\,2,\,3,\,4),\,x \in I_2。$$
$$\tag{7-30}$$

由式 $(7-15)$，$(7-30)$，可知
$$\begin{aligned}
\psi_{31}(0) - h\psi_{34}(0) &= k_{31}(0) - hk_{34}(0) = 0,\\
\psi_{41}(0) - h\psi_{44}(0) &= k_{41}(0) - hk_{44}(0) = -1,\\
\psi_{32}(0) - k\psi_{33}(0) &= k_{32}(0) - kk_{33}(0) = 1,\\
\psi_{42}(0) - k\psi_{43}(0) &= k_{42}(0) - kk_{43}(0) = 0。
\end{aligned} \tag{7-31}$$

另外，令
$$\Phi(x,\,\lambda) = \begin{cases} \Phi_1(x,\,\lambda),\,x \in I_1;\\ \Phi_2(x,\,\lambda),\,x \in I_2。 \end{cases},$$
其中，
$$\Phi_1(x,\,\lambda) = (C_{\phi11}(x,\,\lambda),\,C_{\phi21}(x,\,\lambda),\,C_{\phi31}(x,\,\lambda),\,C_{\phi41}(x,\,\lambda)),\,x \in I_1,$$
$$\Phi_2(x,\,\lambda) = ([\phi_{i2}(\cdot,\,\lambda),\,z_{j2}(\cdot)]_x)^T(i,\,j=1,\,2,\,3,\,4),\,x \in I_2,\,\lambda \in \mathbb{C},$$
$$\Phi(c-,\,\lambda) = \Phi_1(c,\,\lambda),\,\Phi(c+,\,\lambda) = \Phi_2(c,\,\lambda)。$$

将边界条件 $(7-7)$ – $(7-10)$ 写成矩阵形式
$$\begin{pmatrix} \gamma_1 & 0 & 0 & -\gamma_2 \\ 0 & \gamma_3 & -\gamma_4 & 0 \\ 0 & 0 & 0 & 0 \\ 0 & 0 & 0 & 0 \end{pmatrix}\begin{pmatrix} y(a) \\ y'(a) \\ y''(a) \\ y'''(a) \end{pmatrix} + \begin{pmatrix} 0 & 0 & 0 & 0 \\ 0 & 0 & 0 & 0 \\ 1 & 0 & 0 & -h \\ 0 & 1 & -k & 0 \end{pmatrix}\begin{pmatrix} [y,\,z_{12}]_b \\ [y,\,z_{22}]_b \\ [y,\,z_{32}]_b \\ [y,\,z_{42}]_b \end{pmatrix} = 0,$$

记

$$
A = \begin{pmatrix} \gamma_1 & 0 & 0 & -\gamma_2 \\ 0 & \gamma_3 & -\gamma_4 & 0 \\ 0 & 0 & 0 & 0 \\ 0 & 0 & 0 & 0 \end{pmatrix}, \quad B = \begin{pmatrix} 0 & 0 & 0 & 0 \\ 0 & 0 & 0 & 0 \\ 1 & 0 & 0 & -h \\ 0 & 1 & -k & 0 \end{pmatrix},
$$

则由式（7-3）–（7-6）与式（7-11），直接计算可得

$$
\begin{aligned}
\Delta(\lambda) &= \det(A\Phi(a, \lambda) + B\Phi(b, \lambda)) \\
&= \gamma_1\gamma_3 \det \begin{pmatrix} \psi_{31}(\lambda) - h\psi_{34}(\lambda) & \psi_{41}(\lambda) - h\psi_{44}(\lambda) \\ \psi_{32}(\lambda) - k\psi_{33}(\lambda) & \psi_{42}(\lambda) - k\psi_{43}(\lambda) \end{pmatrix}.
\end{aligned} \tag{7-32}
$$

由引理 7.6，$\Delta(\lambda)$ 是关于 λ 的整函数，且由式（7-31）可知 $\Delta(0) = \gamma_1\gamma_3 \neq 0$。

函数 $\Delta(\lambda)$ 称为 A 的特征函数。特征值 λ_0 的解析重数为 λ_0 作为 $\Delta(\lambda)$ 零点的阶数；众所周知，L 的任意特征值的代数重数等于它的解析重数。关于 $\Delta(\lambda)$，有如下引理 7.6 的直接结论。

引理 7.7　一个复数是 A 的特征值当且仅当它是整函数 $\Delta(\lambda)$ 的零点。

引理 7.8　整函数 $\Delta(\lambda)$ 也是阶数 $\leqslant 1$ 的增的最小类，即对任意的 $\varepsilon > 0$，存在有限常数 C_ε，使得

$$
|\Delta(\lambda)| \leqslant C_\varepsilon e^{\varepsilon|\lambda|}, \quad \forall \lambda \in \mathbb{C}, \tag{7-33}
$$

因此，

$$
\limsup_{|\lambda| \to \infty} \frac{\ln|\Delta\lambda|}{|\lambda|} \leqslant 0. \tag{7-34}
$$

由式（7-33）可以得到 $\Delta(\lambda)$ 零点的如下性质：

引理 7.9　若将 $\Delta(\lambda)$ 的所有零点表示为序列 $\{\lambda_j\}$，计算解析重数，则有

（1）极限

$$
\lim_{r \to \infty} \sum_{|\lambda_j| \leqslant r} \frac{1}{\lambda_j} \tag{7-35}
$$

存在且有限；

（2）零点 λ_j 的个数 $n(r)$ 依赖于圆 $|\lambda_j| \leqslant r$，且存在极限

$$
\lim_{r \to \infty} \frac{n(r)}{r} = 0; \tag{7-36}
$$

(3) 当 $\Delta(0) \neq 0$，则

$$\Delta(\lambda) = \Delta(0) \lim_{r \to \infty} \prod_{|\lambda_j| \le r} (1 - \frac{\lambda}{\lambda_j}), \quad \forall \lambda \in \mathbb{C}, \tag{7-37}$$

$\Delta(0) \equiv 0$ 的情形也是可能的，即所有的复数都是 A 的特征值。但是，如果 A 是耗散算子，这是不可能的。由引理 7.5 可知，零不是 A 的特征值（即 $\ker A = \{0\}$）。因此 A^{-1} 是存在的。为了找到 A^{-1}，首先计算算子 A 的格林函数。

对于 $y \in D(A)$，方程 $Ay = -f(x)$ 等价于非齐次微分方程

$$l(y) = -f(x), \quad x \in I = [a, c) \cup (c, b), \tag{7-38}$$

具有边界条件与转移条件 (7-3) – (7-10)，其中，$f(x) = \begin{cases} f_1(x), & x \in I_1; \\ f_2(x), & x \in I_2 \end{cases} \in L^2(I)$。

将齐次微分方程 $l(y) = 0$ 的基本解表示为如下形式

$$y(x) = \begin{cases} c_1 z_{31}(x) + c_2 z_{41}(x) + c_3 v_{11}(x) + c_4 v_{21}(x), & x \in I_1; \\ d_1 z_{32}(x) + d_2 z_{42}(x) + d_3 v_{12}(x) + d_4 v_{22}(x), & x \in I_2 \end{cases}, \tag{7-39}$$

其中，c_i, $d_i (i = 1, 2, 3, 4)$ 是任意常数。

由常数变易法，得到非齐次微分方程 (7-38) 的基本解如下

$$y(x) = \begin{cases} C_1(x) z_{31}(x) + C_2(x) z_{41}(x) + C_3(x) v_{11}(x) + C_4(x) v_{21}(x), & x \in I_1; \\ D_1(x) z_{32}(x) + D_2(x) z_{42}(x) + D_3(x) v_{12}(x) + D_4(x) v_{22}(x), & x \in I_2 \end{cases},$$

$$\tag{7-40}$$

其中，函数 $C_i(x)$, $D_i(x)(i = 1, 2, 3, 4)$ 满足线性方程组

$$\begin{cases} C_1'(x) z_{31}(x) + C_2'(x) z_{41}(x) + C_3'(x) v_{11}(x) + C_4'(x) v_{21}(x) = 0; \\ C_1'(x) z_{31}'(x) + C_2'(x) z_{41}'(x) + C_3'(x) v_{11}'(x) + C_4'(x) v_{21}'(x) = 0; \\ C_1'(x) z_{31}''(x) + C_2'(x) z_{41}''(x) + C_3'(x) v_{11}''(x) + C_4'(x) v_{21}''(x) = 0; \\ C_1'(x) z_{31}'''(x) + C_2'(x) z_{41}'''(x) + C_3'(x) v_{11}'''(x) + C_4'(x) v_{21}'''(x) = f(x) \end{cases}, \quad x \in I_1,$$

与

$$\begin{cases} D_1'(x)z_{32}(x) + D_2'(x)z_{42}(x) + D_3'(x)v_{12}(x) + D_4'(x)v_{22}(x) = 0; \\ D_1'(x)z_{32}'(x) + D_2'(x)z_{42}'(x) + D_3'(x)v_{12}'(x) + D_4'(x)v_{22}'(x) = 0; \\ D_1'(x)z_{32}''(x) + D_2'(x)z_{42}''(x) + D_3'(x)v_{12}''(x) + D_4'(x)v_{22}''(x) = 0; \\ D_1'(x)z_{32}'''(x) + D_2'(x)z_{42}'''(x) + D_3'(x)v_{12}'''(x) + D_4'(x)v_{22}'''(x) = f(x)_{\circ} \end{cases} , \; x \in I_{2\circ}$$

由于 $\Delta_1 = 1$，$\Delta_2 = \rho^2$，可以解出 $C_i(x)$，$D_i(x)(i=1,2,3,4)$。经过适当的计算，可以得到下面的关系式：

$$y(x) = \begin{cases} \displaystyle\int_a^c \widetilde{K}_1(x,\ t)f(t)dt + c_1 z_{31}(x) + c_2 z_{41}(x) + c_3 v_{11}(x) + c_4 v_{21}(x),\ x \in I_1; \\ \displaystyle\int_c^b \widetilde{K}_2(x,\ t)f(t)dt + d_1 z_{32}(x) + d_2 z_{42}(x) + d_3 v_{12}(x) + d_4 v_{22}(x),\ x \in I_{2\circ} \end{cases} ,$$

$$(7\text{-}41)$$

其中，c_i，$d_i(i=1,2,3,4)$ 是任意常数。

$$\widetilde{K}_1(x,\ t) = \begin{cases} \dfrac{Z_1(x,\ t)}{\Delta_1},\ a \leq t \leq x \leq c; \\ 0,\ a \leq x \leq t \leq c_{\circ} \end{cases} ,$$

$$\widetilde{K}_2(x,\ t) = \begin{cases} \dfrac{Z_2(x,\ t)}{\Delta_2},\ c \leq x \leq t \leq b; \\ 0,\ c \leq t \leq x \leq b_{\circ} \end{cases} ,$$

其中，

$$Z_1(x,\ t) = \begin{vmatrix} z_{31}(t) & z_{41}(t) & v_{11}(t) & v_{21}(t) \\ z_{31}'(t) & z_{41}'(t) & v_{11}'(t) & v_{21}'(t) \\ z_{31}''(t) & z_{41}''(t) & v_{11}''(t) & v_{21}''(t) \\ z_{31}(x) & z_{41}(x) & v_{11}(x) & v_{21}(x) \end{vmatrix},$$

$$Z_2(x,\ t) = \begin{vmatrix} z_{32}(t) & z_{42}(t) & v_{12}(t) & v_{22}(t) \\ z_{32}'(t) & z_{42}'(t) & v_{12}'(t) & v_{22}'(t) \\ z_{32}''(t) & z_{42}''(t) & v_{12}''(t) & v_{22}''(t) \\ z_{32}(x) & z_{42}(x) & v_{12}(x) & v_{22}(x) \end{vmatrix},$$

将式 (7-41) 代入条件 (7-7) – (7-10)，可得 $c_3 = c_4 = d_1 = d_2 = 0$，然后将式(7-41)与 c_3，c_4，d_1，d_2 代入条件 (7-3) – (7-6)，可得

自共轭性与耗散性及其谱分析
——几类内部具有不连续性的高阶微分算子

$$c_1 =$$

$$\frac{1}{\rho^2} \begin{vmatrix} \int_c^b \widetilde{K}_2(c,\,t)f(t)dt - \int_a^c (\alpha_1 \widetilde{K}_1(c,\,t) + \alpha_2 \widetilde{K}_1'''(c,\,t))f(t)dt & z_{42}(c) & v_{12}(c) & v_{22}(c) \\ \int_c^b \widetilde{K}_2'(c,\,t)f(t)dt - \int_a^c (\beta_1 \widetilde{K}_1'(c,\,t) + \beta_2 \widetilde{K}_1''(c,\,t))f(t)dt & z_{42}'(c) & v_{12}'(c) & v_{22}'(c) \\ \int_c^b \widetilde{K}_2''(c,\,t)f(t)dt - \int_a^c (\beta_3 \widetilde{K}_1'(c,\,t) + \beta_4 \widetilde{K}_1''(c,\,t))f(t)dt & z_{42}''(c) & v_{12}''(c) & v_{22}''(c) \\ \int_c^b \widetilde{K}_2'''(c,\,t)f(t)dt - \int_a^c (\alpha_3 \widetilde{K}_1(c,\,t) + \alpha_4 \widetilde{K}_1'''(c,\,t))f(t)dt & z_{42}'''(c) & v_{12}'''(c) & v_{22}'''(c) \end{vmatrix},$$

$$c_2 =$$

$$\frac{1}{\rho^2} \begin{vmatrix} z_{32}(c) & \int_c^b \widetilde{K}_2(c,\,t)f(t)dt - \int_a^c (\alpha_1 \widetilde{K}_1(c,\,t) + \alpha_2 \widetilde{K}_1'''(c,\,t))f(t)dt & v_{12}(c) & v_{22}(c) \\ z_{32}'(c) & \int_c^b \widetilde{K}_2'(c,\,t)f(t)dt - \int_a^c (\beta_1 \widetilde{K}_1'(c,\,t) + \beta_2 \widetilde{K}_1''(c,\,t))f(t)dt & v_{12}'(c) & v_{22}'(c) \\ z_{32}''(c) & \int_c^b \widetilde{K}_2''(c,\,t)f(t)dt - \int_a^c (\beta_3 \widetilde{K}_1'(c,\,t) + \beta_4 \widetilde{K}_1''(c,\,t))f(t)dt & v_{12}''(c) & v_{22}''(c) \\ z_{32}'''(c) & \int_c^b \widetilde{K}_2'''(c,\,t)f(t)dt - \int_a^c (\alpha_3 \widetilde{K}_1(c,\,t) + \alpha_4 \widetilde{K}_1'''(c,\,t))f(t)dt & v_{12}'''(c) & v_{22}'''(c) \end{vmatrix},$$

$$d_3 =$$

$$-\frac{1}{\rho^2} \begin{vmatrix} z_{32}(c) & z_{42}(c) & \int_c^b \widetilde{K}_2(c,\,t)f(t)dt - \int_a^c (\alpha_1 \widetilde{K}_1(c,\,t) + \alpha_2 \widetilde{K}_1'''(c,\,t))f(t)dt & v_{22}(c) \\ z_{32}'(c) & z_{42}'(c) & \int_c^b \widetilde{K}_2'(c,\,t)f(t)dt - \int_a^c (\beta_1 \widetilde{K}_1'(c,\,t) + \beta_2 \widetilde{K}_1''(c,\,t))f(t)dt & v_{22}'(c) \\ z_{32}''(c) & z_{42}''(c) & \int_c^b \widetilde{K}_2''(c,\,t)f(t)dt - \int_a^c (\beta_3 \widetilde{K}_1'(c,\,t) + \beta_4 \widetilde{K}_1''(c,\,t))f(t)dt & v_{22}''(c) \\ z_{32}'''(c) & z_{42}'''(c) & \int_c^b \widetilde{K}_2'''(c,\,t)f(t)dt - \int_a^c (\alpha_3 \widetilde{K}_1(c,\,t) + \alpha_4 \widetilde{K}_1'''(c,\,t))f(t)dt & v_{22}'''(c) \end{vmatrix},$$

$d_4 =$

$$-\frac{1}{\rho^2}\begin{vmatrix} z_{32}(c) & z_{42}(c) & v_{12}(c) & \int_c^b \widetilde{K}_2(c,\ t)f(t)dt - \int_a^c (\alpha_1 \widetilde{K}_1(c,\ t) + \alpha_2 \widetilde{K}_1'''(c,\ t))f(t)dt \\ z_{32}'(c) & z_{42}'(c) & v_{12}'(c) & \int_c^b \widetilde{K}_2'(c,\ t)f(t)dt - \int_a^c (\beta_1 \widetilde{K}_1'(c,\ t) + \beta_2 \widetilde{K}_1''(c,\ t))f(t)dt \\ z_{32}''(c) & z_{42}''(c) & v_{12}''(c) & \int_c^b \widetilde{K}_2''(c,\ t)f(t)dt - \int_a^c (\beta_3 \widetilde{K}_1'(c,\ t) + \beta_4 \widetilde{K}_1''(c,\ t))f(t)dt \\ z_{32}'''(c) & z_{42}'''(c) & v_{12}'''(c) & \int_c^b \widetilde{K}_2'''(c,\ t)f(t)dt - \int_a^c (\alpha_3 \widetilde{K}_1(c,\ t) + \alpha_4 \widetilde{K}_1'''(c,\ t))f(t)dt \end{vmatrix} \circ$$

最后，将参数 c_i, $d_i(i = 1,\ 2,\ 3,\ 4)$ 代入式(7 – 41)，即可得到解 $y(x)$，

$$y(x) = \begin{cases} \int_a^c (\widetilde{K}_1(x,\ t) + K_{34}(x,\ t))f(t)dt - \frac{1}{\rho^2}\int_c^b \hat{K}_{34}(x,\ t)f(t)dt, & x \in I_1; \\ \int_a^c \widetilde{K}_{12}(x,\ t)f(t)dt + \int_c^b (\widetilde{K}_2(x,\ t) - \frac{1}{\rho^2}\hat{K}_{12}(x,\ t))f(t)dt, & x \in I_2 \circ \end{cases}$$

$$(7\text{--}42)$$

其中，

$$\hat{K}_{34}(x,\ t) = \begin{vmatrix} z_{32}(c) & z_{42}(c) & v_{11}(c) & v_{21}(c) & K_2(c,\ t) \\ z_{32}'(c) & z_{42}'(c) & v_{11}'(c) & v_{21}'(c) & K_2'(c,\ t) \\ z_{32}''(c) & z_{42}''(c) & v_{11}''(c) & v_{21}''(c) & K_2''(c,\ t) \\ z_{32}'''(c) & z_{42}'''(c) & v_{11}'''(c) & v_{21}'''(c) & K_2'''(c,\ t) \\ z_{31}(x) & z_{41}(x) & 0 & 0 & 0 \end{vmatrix},$$

$$\hat{K}_{12}(x,\ t) = \begin{vmatrix} z_{32}(c) & z_{42}(c) & v_{12}(c) & v_{22}(c) & K_2(c,\ t) \\ z_{32}'(c) & z_{42}'(c) & v_{12}'(c) & v_{22}'(c) & K_2'(c,\ t) \\ z_{32}''(c) & z_{42}''(c) & v_{12}''(c) & v_{22}''(c) & K_2''(c,\ t) \\ z_{32}'''(c) & z_{42}'''(c) & v_{12}'''(c) & v_{22}'''(c) & K_2'''(c,\ t) \\ 0 & 0 & v_{12}(x) & v_{22}(x) & 0 \end{vmatrix},$$

$$K_{34}(x,\ t) = \begin{vmatrix} z_{32}(c) & z_{42}(c) & v_{12}(c) & v_{22}(c) & \alpha_1 K_1(c,\ t) + \alpha_2 K_1'''(c,\ t) \\ z_{32}'(c) & z_{42}'(c) & v_{12}'(c) & v_{22}'(c) & \beta_1 K_1'(c,\ t) + \beta_2 K_1''(c,\ t) \\ z_{32}''(c) & z_{42}''(c) & v_{12}''(c) & v_{22}''(c) & \beta_3 K_1'(c,\ t) + \beta_4 K_1''(c,\ t) \\ z_{32}'''(c) & z_{42}'''(c) & v_{12}'''(c) & v_{22}'''(c) & \alpha_3 K_1(c,\ t) + \alpha_4 K_1'''(c,\ t) \\ z_{31}(x) & z_{41}(x) & 0 & 0 & 0 \end{vmatrix},$$

$$K_{12}(x,\ t) = \begin{vmatrix} z_{32}(c) & z_{42}(c) & v_{12}(c) & v_{21}(c) & \alpha_1 K_1(c,\ t) + \alpha_2 K_1'''(c,\ t) \\ z_{32}'(c) & z_{42}'(c) & v_{12}'(c) & v_{21}'(c) & \beta_1 K_1'(c,\ t) + \beta_2 K_1''(c,\ t) \\ z_{32}''(c) & z_{42}''(c) & v_{12}''(c) & v_{21}''(c) & \beta_3 K_1'(c,\ t) + \beta_4 K_1''(c,\ t) \\ z_{32}'''(c) & z_{42}'''(c) & v_{12}'''(c) & v_{21}'''(c) & \alpha_3 K_1(c,\ t) + \alpha_4 K_1'''(c,\ t) \\ 0 & 0 & v_{12}(x) & v_{22}(x) & 0 \end{vmatrix}。$$

如果设

$$\widetilde{G}(x,\ t) = \begin{cases} \widetilde{K}_1(x,\ t) + K_{34}(x,\ t),\ x \in I_1; \\ K_{12}(x,\ t),\ x \in I_2。 \end{cases},$$

$$\widetilde{B}(x,\ t) = \begin{cases} \dfrac{1}{\rho^2}\widetilde{K}_{34}(x,\ t),\ x \in I_1; \\ \widetilde{K}_2(x,\ t) + \dfrac{1}{\rho^2}\hat{K}_{12}(x,\ t),\ x \in I_2。 \end{cases},$$

与

$$G(x,\ t) = \begin{cases} \widetilde{G}(x,\ t),\ a \leqslant x \leqslant t \leqslant b,\ x \neq c,\ t \neq c; \\ \widetilde{B}(x,\ t),\ a \leqslant t \leqslant x \leqslant b,\ x \neq c,\ t \neq c。 \end{cases},$$

则

$$y(x) = \int_a^b G(x,\ t)f(t)dt。$$

设 K 表示由下面的公式定义的积分算子

$$Kf = \int_a^b G(x,\ t)f(t)dt,\ \forall f \in L^2(I)。 \tag{7-43}$$

由于 $z_{31}(x)$，$z_{41}(x)$，$v_{12}(x)$，$v_{22}(x) \in L^2(I)$，可得 $K \in \sigma_2$，且 $K = A^{-1}$。因此算子 A 与 K 的根直系恰好相等，所以算子 A 在 $L^2(I)$ 中的全部特征向量与相伴向量的完备性等价于 K 的特征向量与相伴向量的完备性。由于紧算子的非零特征值的代数重数是有限的，因此 A 的特征向量中只有有限多个线性无关的相伴向量。

7.4 特征函数与相伴函数的完备性

这一部分，利用特征行列式证明算子 A 的特征函数与相伴函数的完备性。为了研究这个问题，需要下面的基本知识。

行列式

$$\det(I - \mu A) = \prod_{j=1}^{v(A)} \left[1 - \mu\, \mu_j(A) \right], \ A \in \sigma_1,$$

称之为 A 的特征行列式，表示为 $D_A(\mu)$。特征行列式 $D_A(\mu)$ 是关于 μ 的整函数，因为对任意的 $A \in \sigma_1$，有

$$\sum_{j=1}^{v(A)} |\, \mu_j(A) \,| < \infty,$$

对任意的 $A \in \sigma_2$，正规化的特征行列式表示为

$$\widetilde{D}_A(\mu) = \prod_{j=1}^{v(A)} \left[1 - \mu\, \mu_j(A) \right] e^{\mu\, \mu_j(A)}。 \tag{7-44}$$

若算子 $I - \mu A$ 有定义在全空间 H 上的有界逆，则称复数 μ 为 A 的 F-正则点（Fredholm 意义下的正则）。

设 A 与 B 是 H 中的有界线性算子，且 $A - B \in \sigma_1$。若点 μ 是 B 的 F-正则点，则

$$(I - \mu A)(I - \mu B)^{-1} = I - \mu(A - B)(I - \mu B)^{-1},$$

其中，$\mu(A - B)(I - \mu B)^{-1} \in \sigma_1$。因此，行列式

$$D_{A/B}(\mu) = \det\left[(I - \mu A)(I - \mu B)^{-1} \right]$$

是有意义的，并称之为算子 B 的由算子 $K = A - B$ 确定的行列式扰动（the determinant of perturbation）。

定理 7.3 若 $A, B \in \sigma_2$，$A - B \in \sigma_1$ 且 μ 是 B 的 F-正则点，则

$$D_{A/B}(\mu) = \frac{\widetilde{D}_A(\mu)}{\widetilde{D}_B(\mu)} e^{\mu tr(B-A)}。$$

定理 7.4 设 A 与 B 是有界耗散算子(特别的，其中一个或两个可能是

自共轭的），且 $A - B \in \sigma_1$。则对任意的 $\beta_0 (0 < \beta_0 < \dfrac{\pi}{2})$，关系式

$$\lim_{\delta \to \infty} \left[\frac{1}{\delta} \mid D_{A/B}(\delta e^{i\beta}) \mid \right] = 0$$

关于 β 一致成立，β 属于

$$\{ \lambda : \lambda = \delta e^{i\beta}, \ 0 < \delta < \infty, \ \mid \frac{\pi}{2} - \beta \mid < \beta_0 \}。$$

定理 7.5　（Livšic 定理）设 A 是紧耗散算子，且 $A_{\mathrm{Im}} \in \sigma_1$。算子 A 的所有根向量是完备的，当且仅当

$$\sum_{j=1}^{v(A)} \mathrm{Im}\mu_j(A) = trA_{\mathrm{Im}}。 \tag{7-45}$$

现在考虑由式（7-43）所定义的积分算子 K，即 A 的逆算子。设 $K = K_1 + iK_2$，其中 $K_1 = K_{\mathrm{Re}}$，$K_2 = K_{\mathrm{Im}}$。由第三部分的讨论可知，K 与 K_1 是 Hilbert－施密特算子，且 K_1 是 H 中自共轭的 Hilbert－施密特算子，K_2 是自共轭的二维空间的算子。容易证明 K_1 是 A_1 的逆，即 $A_1^{-1} = K_1$。设 $T = -K$，$T = T_1 + iT_2$，其中，$T_1 = -K_1$，$T_2 = -K_2$。

用 λ_j 与 γ_j 分别表示 A 与 A_1 的特征值。则 T 的特征值为 $-\dfrac{1}{\lambda_j}$，T_1 的特征值为 $-\dfrac{1}{\gamma_k}$，因为 A_1 是自共轭算子，因此对任意的 k 有 $\mathrm{Im}\gamma_k = 0$。

定理 7.6　$\sum_j \mathrm{Im}(-\dfrac{1}{\lambda_j}) = trT_2$。

证明　在定理 7.3 中，令算子 $A = T_1$，$B = T$，则有

$$D_{T_1/T}(\mu) = \frac{\widetilde{D}_{T_1}(\mu)}{\widetilde{D}_T(\mu)} e^{\mu tr(T - T_1)} = \frac{\widetilde{D}_{T_1}(\mu)}{\widetilde{D}_T(\mu)} e^{i\mu trT_2}。 \tag{7-46}$$

由式（7-44）可得

$$\widetilde{D}_T(\mu) = \prod_j (1 + \frac{\mu}{\lambda_j} e^{-\frac{\mu}{\lambda_j}}), \ \widetilde{D}_{T_1}(\mu) = \prod_j (1 + \frac{\mu}{\gamma_j} e^{-\frac{\mu}{\gamma_j}})。 \tag{7-47}$$

令 $h = h_1 + ih_2$，$k = k_1 + ik_2$，因此由式（7-32），有

$$\Delta(\mu) = \gamma_1 \gamma_3 \left[\det \begin{pmatrix} \psi_{31}(\mu) - h_1 \psi_{34}(\mu) & \psi_{41}(\mu) - h_1 \psi_{44}(\mu) \\ \psi_{32}(\mu) - k_1 \psi_{33}(\mu) & \psi_{42}(\mu) - k_1 \psi_{43}(\mu) \end{pmatrix} + \right.$$

$$h_2 k_2 \det \begin{pmatrix} \psi_{34}(\mu) & \psi_{44}(\mu) \\ \psi_{33}(\mu) & \psi_{43}(\mu) \end{pmatrix} \Big]$$

由式 (7-15)，(7-13) 与 (7-32)，可得

$$\Delta(0) = \gamma_1 \gamma_3 \neq 0,$$

且

$$\Delta_1(\mu) = \gamma_1 \gamma_3 \det \begin{pmatrix} \psi_{31}(\mu) - h_1 \psi_{34}(\mu) & \psi_{41}(\mu) - h_1 \psi_{44}(\mu) \\ \psi_{32}(\mu) - k_1 \psi_{33}(\mu) & \psi_{42}(\mu) - k_1 \psi_{43}(\mu) \end{pmatrix}.$$

由引理 7.9 可知

$$D_{-T}(\mu) = \frac{\Delta(\mu)}{\Delta(0)} = \prod_j \left(1 - \frac{\mu}{\lambda_j}\right), \quad D_{-T_1}(\mu) = \frac{\Delta_1(\mu)}{\Delta_1(0)} = \prod_j \left(1 - \frac{\mu}{\gamma_j}\right).$$

因此

$$\widetilde{D}_T(\mu) = D_{-T}(-\mu) e^{-\mu \sum_j \frac{1}{\lambda_j}}, \quad \widetilde{D}_{T_1}(\mu) = D_{-T_1}(-\mu) e^{-\mu \sum_j \frac{1}{\gamma_j}}, \qquad (7\text{-}48)$$

所以

$$D_{T_1/T}(\mu) = \frac{D_{-T_1}(-\mu) e^{-\mu \sum_j \frac{1}{\gamma_j}}}{D_{-T}(-\mu) e^{-\mu \sum_j \frac{1}{\lambda_j}}} e^{i\mu tr T_2}$$

$$= \frac{D_{-T_1}(-\mu)}{D_{-T}(-\mu)} \exp\left(\mu \sum_j \frac{1}{\lambda_j} - \mu \sum_j \frac{1}{\gamma_j} + i\mu tr T_2\right), \quad (\gamma_j \in \mathbb{R}).$$

$$(7\text{-}49)$$

注意到 A 是耗散算子，则对任意的 j 有 $\operatorname{Im}\lambda_j \geqslant 0$。因此在式 (7-49) 中设 $\mu = it(0 < t < \infty)$，可得

$$\frac{1}{t}\ln|D_{T_1/T}(it)|$$

$$= \frac{1}{t}\ln|\prod_j(1 + \frac{it}{\gamma_j})| - \frac{1}{t}\ln|\prod_j(1 + \frac{it}{\lambda_j})| - \sum_j \operatorname{Im}\frac{1}{\lambda_j} - tr T_2.$$

$$(7\text{-}50)$$

利用定理 7.4 与式 (7-34)，有

$$\lim_{t\to\infty} \frac{1}{t}\ln|D_{T_1/T}(it)| = 0, \qquad (7\text{-}51)$$

且

$$\limsup_{t\to\infty} \frac{1}{t}\ln|\prod_j(1 + \frac{it}{\gamma_j})| \leqslant 0, \quad \limsup_{t\to\infty} \frac{1}{t}\ln|\prod_j(1 + \frac{it}{\lambda_j})| \leqslant 0.$$

$$(7\text{-}52)$$

对于 $t>0$，有下面的估计：对任意的 $t>0$ 与任意的 j，有

$$|1+\frac{it}{\lambda_j}|^2 = 1 + 2t\frac{\mathrm{Im}\lambda_j}{|\lambda_j|^2} + \frac{t^2}{|\lambda_j|^2} \geq 1, \quad |1+\frac{it}{\gamma_j}|^2 = 1 + \frac{t^2}{\gamma_j^2} \geq 1,$$
(7-53)

这意味着

$$\frac{1}{t}\ln|\prod_j(1+\frac{it}{\gamma_j})| \geq 0, \quad \frac{1}{t}\ln|\prod_j(1+\frac{it}{\lambda_j})| \geq 0, \quad (7-54)$$

由式（7-52）与（7-54）可得

$$\limsup_{t\to\infty}\frac{1}{t}\ln|\prod_j(1+\frac{it}{\gamma_j})| = 0, \quad \limsup_{t\to\infty}\frac{1}{t}\ln|\prod_j(1+\frac{it}{\lambda_j})| = 0。$$
(7-55)

在式（7-50）中令 $t\to+\infty$ 取极限，且根据式（7-51）与式（7-55），可得

$$\sum_j \mathrm{Im}(-\frac{1}{\lambda_j}) = trT_2。$$
(7-56)

因此，由 Livšic 定理可知，$-K$ 的特征函数与相伴函数在 H 中是完备的，所以，算子 A 的特征函数与相伴函数在 H 中也是完备的。

□

作为定理 7.6 的直接结果，有下面的结论。

推论 7.1　耗散算子 A 有无穷多个特征值。

证明　由于 A 的每一个根直系都是有限维的，A 的特征函数与相伴函数在 H 中是完备的，这就意味着 A 有无穷多个特征值。

□

定理 7.7　耗算子 $T(K)$ 的所有根向量在 H 中的是完备的。

由于 A 的全部特征向量与相伴向量在 H 中是完备的（当然 L 在 $L^2(I)$ 中）等价于算子 K 的全部特征向量与相伴向量在 H 中是完备的，由定理 7.6 可得：

定理 7.8　L 的全部特征向量与相伴向量在 $L^2(I)$ 中是完备的。

这一章主要对一类四阶不连续耗散算子进行了研究，证明了耗散算子

特征函数与相伴函数的完备性。对于具有转移条件的高阶耗散算子，还有许多需要解决的问题，比如下面的一些问题。对于一般四阶耗散算子，可以考虑给出使算子成为耗算子的所有边界条件，进而证明特征函数与相伴函数的完备性，以及具有转移条件此类算子特征函数与相伴函数的完备性问题。另外，也可以考虑具有转移条件且两个端点都是奇异的微分算子成为耗散算子时的边界条件所满足的条件，以及特征函数与相伴函数的完备性。可以考虑将耗散算子放在两区间上进行考虑，以及具有转移条件且边界条件带特征参数的耗散算子，构造算子的特征行列式，研究特征函数与相伴函数的完备性。对于耗散算子，除了利用本章所用到的方法，也可以考虑其他方法进行解决。

参考文献

［1］ Allahverdiev B. P.. A nonself – adjoint singular Sturm – Liouville problem with a spectral parameter in the boundary condition ［J］. Mathematische Nachrichten, 2005, 278 (7-8): 743-755.

［2］ Allahverdiev B. P.. A dissipative singular Sturm – Liouville problem with a spectral parameter in the boundary condition ［J］. Journal of Mathematical Analysis and Application, 2006, 316: 510-524.

［3］ Allahverdiev B. P.. Dissipative Sturm – Liouville operators in limit – point case ［J］. Acta Applicandae Mathematicae, 2005, 86: 237-248.

［4］ Allahverdiev B. P.. Dissipative Sturm–Liouville operators with nonseparated boundary conditions ［J］. Monatshefte Für Mathematik, 2003, 140: 1-17.

［5］ Allahverdiev B. P., Canoglu A.. Spectral analysis of dissipative Schrödinger operators ［J］. Proceedings of the Royal Society of Edinburgh Section A: Mathematics, 1997, 127: 1113-1121.

［6］ Altnisikn, Kadakal M.. Eigenvalues and eigenfunctions of discontinuous Sturm–Liouville problems with eigenparameter–dependent boundary conditions ［J］. Acta Mathematica Hungarica, 2004, 102: 159-175.

［7］ Birkhoff G. D.. On the asymptotic character of solution of the certain linear differential equations containting parameter ［J］. Transactions of the American Mathematical Society, 1908, 9: 219-231.

［8］ Binding P. A., Browne P. J., Watson B. A.. Sturm – Liouville problems with boundary conditions rationally dependent on the eigenparameter II ［J］. Journal of Computational and Applied Mathematics, 2002, 148: 147-169.

［9］ Binding P. A., Browne P. J., Watson B. A.. Transformations between

Sturm-Liouville problems with eigenvalue dependent and independent boundary conditions [J]. Bull London Mathematical Society, 2001, 33: 749-757.

[10] Bairamov E., Krall A. M.. Dissipative operators generated by the Sturm-Liouville differential expression in the Weyl limit circle case [J]. Journal of Mathematical Aanlysis and Applications, 2001, 254: 178-190.

[11] Bairamov E., Ugurlu E.. The determinants of dissipative Sturm-Liouville operators with transmission conditions [J]. Mathematical and Computer Modelling, 2011, 53: 805-813.

[12] Buschmann D., Stolz G., Weidmann J.. One-dimensional Schrodinger operators with local point interactions [J]. Reine Angew Math, 1995, 467: 169-186.

[13] Coddington E. A., Levinson N.. Theory of Ordinary Differential Equations [M]. New York: McGraw-Hill, 1955.

[14] Code W. J.. Sturm-Liouville problems with eigenparameter dependent boundary conditions [M]. Saskatoon University of Saskatchewan, 2003.

[15] Crandail M. G., Philips R. S.. On the extension problem for dissipative operators [J]. Journal of Functional Analysis, 1968, 2: 147-176.

[16] Demirci M., Akdoğan Z., Mukhtarov O.. Asymptotic behavior of eigenvalues and eigenfunctions of one discontinuous boundary-value problem [J]. International Journal of Computational Cognition, 2004, 2 (3): 101-113.

[17] Dunford N., Schwartz J. T.. Linear operators II [M]. New York: Wiley, 1963.

[18] Edmunds D. E., Evans W. D.. Spectral theory and differentail operators [M]. Oxford: Oxford University Press, 1987.

[19] Evans W. D., Sobhy E. I.. Boundary conditions for general ordinary differential operators and their adjoints [J]. Proceedings of the Royal Society of Edinburgh Section A Mathematics, 1990, 114: 99-117.

[20] Everitt W. N., Kumar V. K.. On the Titchmarsh-Weyl theory of ordinary symmetric differential expressions I: The general theory [J]. Nieuw Archief voor Wiskunde, 1976, 34 (3): 1-48.

［21］ Everitt W. N., Kumar V. K.. On the Titchmarsh-Weyl theory of ordinary symmetric differential expressions Ⅱ: The odd order case ［J］. Nieuw Archief voor Wiskunde, 1976, 34 (3): 109-145.

［22］ Everitt W. N., Knowles I. W., Read T. T.. Limit-point and limit-circle criteria for Sturm-Liouville equations with intermittently negative principal coefficients ［J］. Proceedings of the Royal Society of Edinburgh Section A Mathematics, 1986, 103: 215-228.

［23］ Everitt W. N., Markus L.. Boundary value problems and symplectic algebra for ordinary differential and quasi-differential operators ［M］. Mathematical Surveys and Monographs, 1999.

［24］ Everitt W. N., Markus L.. Complex symplectic geometry with applications to ordinary differential operators ［J］. Transactions of the American Mathematical Society, 1999, 351 (12): 4905-4945.

［25］ Fulton C. T.. Parametrization of Titchmarsh's m (λ) -functions in the limit circle case ［J］. Trasaltions of the American Mathematical Society Section A Mathematics, 1977, 229: 51-63.

［26］ Fulton C. T.. Two-point boundary value problems with parameter contained in the boundary conditions ［J］. Proceedings of the Royal Society of Edinburgh Section A Mathematics, 1977, 77: 293-308.

［27］ Fulton C. T., Pruess S.. Numerical methods for a singular eigenvalue problem with eigenparameter in the boundary conditions ［J］. Journal of Mathematical Aanlysis and Applications, 1979, 71: 431-462.

［28］ Gasymov M. G., Guseinov G. Sh.. Uniqueness theorems for inverse spectral analysis problems for Sturm-Liouville operators in the Weyl limit-circle case ［J］. Differential Equation, 1989, 25: 394-402.

［29］ Gohberg I. C., Krein M. G.. Introduction to the theory of linear non-self-adjoint operator ［M］. American Mathematical Society, 1969.

［30］ Guseinov G. Sh., Tuncay H.. The determinants of perturbation connected with a dissipative Sturm-Liouville operators ［J］. Journal of Mathematical Aanlysis and Applications, 1995, 194: 39-49.

［31］ Glazman I. M.. Direct methods of qualitative spectral analysis of singular differential operators ［M］. Israel Program for Scientific Translation, 1965.

［32］ Hinton D. B.. An expansion theorem for an eigenvalue problem with eigenvalue parameter in the boundary conditions ［J］. Quarterly Journal of Mathematics, Oxford, 1979, 30: 33-42.

［33］ Helffer B.. Semi-classical analysis for the Schrödinger operators and applications ［M］. Lecture Notes in Mathematics, Springer-Verlag, 1988.

［34］ Kuzhel A.. Characteristic functions and models of nonselfadjoint operators ［M］. Kluwer Academic, Dordrecht, 1996.

［35］ Kadakal M., Mukhtarov O. Sh.. Discontinuous Sturm-Liouville problems containing eigenparameter in the boundary conditions ［J］. Acta Mathematica Sinica, 2006, 22: 1519-1528.

［36］ Kadakal M., Mukhtarov O. Sh., Muhtarov F. S.. Some spectral problems of Sturm-Liouville problem with transmission conditions ［J］. Mathematical Methods in the Applied Sciences, 2007, 30: 1719-1738.

［37］ Kobayashi M.. Eigenvalues of discontinuous Sturm-Liouville problems with symmmetric potentials ［J］. Computers & Mathematics with Applications, 1989, 18 (4): 357-364.

［38］ Kadakal M., Mukhtarov O. Sh.. Sturm-Liouville problems with discontinuities at two points ［J］. Computers & Mathematics with Applications, 2007, 54: 1367-1379.

［39］ Keldysh M. V.. On the completeness of the eigenfunctions of some classes of non self-adjoint linear operators ［J］. Russian Mathematical Surreys, 1971, 26 (4): 15-44.

［40］ Kamimura Y.. A criterion for the complete continuity of a 2n-th order differential operator with complex coefficients ［J］. Proceding of the Royal Society of Edinburgh Section A Mathematics, 1990, 116: 161-176.

［41］ Krall A. M., Zettl A.. Singular self-adjoint Sturm-Liouville problems II: interior singular points ［J］. Siam Journal on Mathematical Analysis, 1988, 19: 1135-1141.

[42] Knowles I.. Dissipative Sturm−Liouville operators [J]. Proceding of the Royal Society of Edinburgh Section A Mathematics, 1981, 88: 329−343.

[43] Knowles I.. On the boundary conditions characterizing J−selfadjoint extensions of J − symmetric operators [J]. Journal of Differential Equations, 1981, 40: 193−216.

[44] Krein M. G.. On the indeterminant case the Sturm−Liouville boundary problems in the interval (0, +∞) [J]. Izvestiia Akademii Nuak Sssr Seriia Biologiches Raia, 1952, 16: 293−324.

[45] Likov A. V., Mikhalilov Yu A.. The theory of heat and mass transfer [M]. Russian: Qosenergaizdat, 1963.

[46] Marčenko V. A.. Expansion in eigenfunctions of non − selfadjoint singular second order differential operators [J]. Transactions of the American Mathematical Society, 1963, 25: 77−130.

[47] Moller M., Zinsou B.. Spectral asymptotics of self − adjoint fourth order differential operators with eigenvalue parameter dependent boundary conditions [J]. Complex Analysis and Operator Theory, 2012, 6: 799−818.

[48] Naimark M. A.. Linear differential operators [M]. New York: Ungar, 1968.

[49] Naimarko V. A.. Expansion in eigenfunctions of non−self−adjoint singular second order differential operators [J]. Transaction of the American Mathematical Society, 1963, 225: 77−130.

[50] Pavlov B. S.. Spectral analysis of a dissipative singular Schroodinger operator in terms of a functional model [J]. Partial Differential Equations 8, 1996, 65: 87−153.

[51] Pontrelli G., Monte D. F.. Mass diffusion through two−layer porous media: An application to the drug−eluting stent [J]. International Journal of Heat and Mass Transfer, 2007, 50: 3658−3669.

[52] Phillips R. S.. Dissipative operators and hyperbolic systems of partial differential equations [J]. Transactions of the American Mathematical Society, 1959, 90 (2): 193−254.

[53] Race D.. On the location of the essential spectra and regularity fields of complex Sturm-Liouville operators [J]. Proceeding of the Royal Society of Edinburgh Section A Mathematics, 1980, 85A: 1-14.

[54] Race D.. On the essential spectra of linear 2nth order differential operators with complex coeffi-cients [J]. Proceeding of the Royal Society of Edinburgh Section A Mathematics, 1982, 92A: 65-74.

[55] Soffer A.. Multichannel nonlinear scattering for integrable equations [J]. Journal of Differential Equation, 1992, 98: 376-390.

[56] Sims A. R.. Secondary conditions for linear differential operators of the second order [J]. Indiana Vniversity Mathematics Journal, 1957, 6 (2): 247-285.

[57] Shkalikov A. A.. Boundary value problems for ordinary differential equations with a parameter in the boundary conditions [J]. Functional Analysis and Its Applications, 1982, 16: 324-326.

[58] Titchmarsh E. C.. Eigenfunction expansions associated with second-order differential equations [J]. Physics Today, 1958, 11 (10): 34-36.

[59] Tunc E., Mukhtarov O. Sh.. Fundamental solutions and eigenvalues of one boundary-value problem with transmission conditions [J]. Computers & Mathematics with Applications, 2004, 157: 347-355.

[60] Titchmarsh E. C.. Eigenfunction expansions associated with second-order differential equations [M]. Oxford: Clarendon Press, 1960.

[61] Tikhonov A. N., Samarskii A. A.. Equations of Mathematical Physics [M]. New York: Dover Publications, 1990.

[62] Voitovich N. N., Katsenelbaum B. Z., Sivov A. N.. Generalized method of eigenvibration in the theory of diffraction [J]. Nauka, Moskov, 1997.

[63] Weyl H.. Uber gewohnliche differentialgleichungen mit singularityten und kiezugehorigen entwicklungen willkurlicher fanktionen [J]. Mathematische Annalen, 1910, 68: 220-269.

[64] Walter J.. Regular eigenvalue problems with eigenvalue parameter in the boundary condition [J]. Mathematische Zeitschrift, 1973, 133: 301-312.

[65] Weidmann J.. Linear operators in Hilbert spaces [M]. Berlin:

Springer-Verlag, 1980.

［66］ Weidmann J.. Spectral theory of ordinary differential operators, Lecture Notes in Mathematics 1258 ［M］. Berlin：Springer-Verlag, 1987.

［67］ Wu H.. Dissipative non-self-adjoint Sturm-Liouville operators and completeness of their eigenfunctions ［J］. Journal of Mathematical Analysis and Applications, 2012, 394：1-12.

［68］ Yakubov S.. Completeness of root functions of regular differential operators ［M］. New York：Longman Scientific & Technical, 1994.

［69］ Yakubov S., Yakubov Y.. Differential operator equations ［M］. Chapman and Hall/CRC, Boca Raton, 2000.

［70］ Zettle A. Adjoint linear differential operators ［J］. Proceedings of the American Mathematical Society, 1957, 16 (6)：446-461.

［71］ Zettle A. Sturm - Liouville theory ［M］. American Mathematical Society Mathematical Surveys and Monographs, 2005.

［72］ Zettle A. Spectral theory and computatinal methods of Sturm-Liouville problem ［M］. Berlin, Marcel Dekker, 1997：1-104.

［73］ 安建业, 孙炯. On the self-adjointness of the product operators of two mth - order differential operators on ［0, +∞) ［J］. Acta mathematical Sincia, English Series, 2004, 20 (5)：793-802.

［74］ 曹之江, 孙炯, Edmunds D. E.. On self-adjointness of the product of two 2-order differential operators ［J］. Acta Mathematica Sinica, English Series, 1999, 15 (3)：375-386.

［75］ 曹之江, 孙炯, Edmunds D. E.. 二阶微分算子积的自伴性 ［J］. 数学学报, 1999, 42 (4)：649-654.

［76］ 曹之江. 常微分算子 ［M］. 上海：上海科技出版社, 1987.

［77］ 曹之江. 自伴常微分算子的解析描述 ［J］. 内蒙古大学学报（自然科学版）, 1987, 18 (3)：393-401.

［78］ 曹之江, 孙炯. 微分算子文集 ［M］. 呼和浩特：内蒙古大学出版社, 1992.

［79］ 陈金设. 微分算子特征值的一种数值解法与对称算子自共轭扩

张的边值空间理论［D］. 内蒙古大学，2009.

［80］郝晓玲. 微分算子实参数平方可积解的个数与谱的定性分析［D］. 内蒙古大学，2010.

［81］孙炯，安建业. On self-adjointness of products of two differential operators on ［a，b］［J］. Annals of Differential Equations, 1998, 18（1）: 50-57.

［82］孙炯. On the self-adjoint extensions of symmetric ordinary differential operators with middle deficiency indices ［J］. Acta Mathematica Sinica, New Series, 1986, 2（2）: 152-167.

［83］孙炯，王忠. 线性算子的谱分析［M］. 北京：科学出版社，2005.

［84］孙炯，王爱平，Zettl A.. Continuous spectrum and Square-Integrable solutions of differential operators with intermediate deficiency index ［J］. Journal of Functional Analysis, 2008, 255: 3229-3248.

［85］孙炯，王爱平，Zettl A.. Two-interval Sturm-Liouville operators in direct sum spaces with inner product multiples ［J］. Results in Mathematics, 2007, 50: 155-168.

［86］孙炯. Sturm-Liouville operators with interface conditions ［C］. 中国数学力学物理学高新技术交叉研究学会第十二届学术年会论文集，北京，2008, 12: 513-516.

［87］孙炯，王万义. 微分算子的自共轭域和谱分析——微分算子研究在内蒙古大学三十年［J］. 内蒙古大学学报（自然科学版），2009, 40（4）: 469-485.

［88］索建青. 两区间微分算子自伴域的实参数解刻画及谱的离散性［D］. 内蒙古大学，2012.

［89］王爱平，孙炯，郝晓玲，姚斯琴. Completeness of eigenfunctions of Sturm-Liouville problems with transmission conditions ［J］. Methods and Applications of Analysis, 2009, 16（3）: 299-312.

［90］王爱平，孙炯，Zettl A.. Characterization of domains of self-adjoint ordinary differential operators ［J］. Journal of Differential Equations, 2009, 246: 1600-1622.

［91］王爱平，孙炯，Zettl A.. The classification of self-adjoint boundary conditions：Separated，coupled and mixed ［J］. Journal of Functional Analysis，2008，255：1554-1573.

［92］王爱平，孙炯，Zettl A.. The classification of self-adjoint boundary conditions of differential operators with two singular endpoints ［J］. Journal of Mathematical Analysis and Applications，2011，378：493-506.

［93］王爱平. 关于 Weidmann 猜想及具有转移条件微分算子的研究 ［D］. 内蒙古大学，2006.

［94］王万义. 微分算子的辛结构与一类微分算子的谱分析 ［D］. 内蒙古大学，2002.

［95］王万义，孙炯. 高阶常型微分算子自伴域的辛几何刻画 ［J］. 应用数学，2003，16（1）：17-22.

［96］王万义，孙炯. Complex J-symplectic geometry characterization for J-symmetric extensions of J-symmetric differential operators ［J］. Advances in Mathematics，2003，32（4）：481-484.

［97］王忠，Wu H.. The completeness of eigenfunctions and perturbation connected with Sturm-Liouville operators ［J］. Journal of System Science and Complexity，2006，19：527-537.

［98］王志敬，宋岱才. 直和空间上对称微分算子自共轭域的辛几何刻画（I）［J］. 石油化工高等学校学报，2008，21（1）：92-95.

［99］杨传富，杨孝平，黄振友. m 个微分算式乘积的自伴边界条件 ［J］. 数学年刊，2006，27A（3）：313-324.

［100］杨传富，黄振友，杨孝平. $2n$ 阶微分算子乘积自伴的充分必要条件 ［J］. 数学物理学报，2006，26A（6）：953-962.

［101］杨传富，黄振友，杨孝平. 微分算子的对称扩张及 Friedrichs 扩张的辛几何刻画 ［J］. 数学学报，2006，49（2）：421-430.

［102］杨传富，杨孝平. An interior inverse problem for Sturm-Liouville operator with discontinuous conditions ［J］. Applied Mathematics Letters，2009，22：1315-1319.

主要符号表

Im	虚部
Re	实部
$\mathbb{R}$	实数域
$\mathbb{C}$	复数域
$\oplus$	空间的直和
$\overline{\lambda}$	复数 λ 的共轭
A^T	矩阵 A 的转置
A^{-1}	矩阵 A 的逆矩阵
A^*	矩阵 A 的复共轭转置
Rank$A$	表示矩阵 A 的秩
det$A$	表示矩阵 A 的行列式
$D(A)$	算子 A 的定义域
$R(A)$	算子 A 的值域
$\mathcal{N}(A)$	算子 A 的零空间
$R^{\perp}(A)$	算子 A 的值域的正交补空间
ker$A$	算子 A 的核
trA	算子 A 的迹
σ_1	Hilbert 空间 H 中的核算子
σ_2	Hilbert 空间 H 中的希尔伯特–施密特算子
$\sigma(T)$	算子 T 的谱集
$\rho(T)$	算子 T 的预解集
$\sigma_p(T)$	算子 T 的点谱集
$AC_{loc}((a,b),\mathbb{R})$	在 (a,b) 的所有紧子区间绝对连续的实值函数全体

自共轭性与耗散性及其谱分析
——几类内部具有不连续性的高阶微分算子

$L(I,\mathbb{R})$	在 I 上定义的 Lebesgue 可积实值函数的全体
$[\cdot,\cdot]$	与微分算式相关联的 Lagrange 共轭双线性型
$L^2(I)$	表示定义在区间 I 上所有满足 $\int_I |f(x)|^2 dx < \infty$ 的复值可测函数全体